# 家装风格设计
## 材料选用速查

理想·宅 编

JIAZHUANG FENGGE SHEJI
CAILIAO XUANYONG SUCHA

化学工业出版社
·北京·

编写人员名单：（排名不分先后）

丁 晗 叶 萍 黄 肖 邓毅丰 郭芳艳 杨 柳 李 玲 董 菲 赵利平 武宏达 王广洋

王力宇 梁 越 刘向宇 肖韶兰 李 幽 王 勇 李小丽 王 军 李子奇 于兆山 蔡志宏

刘彦萍 张志贵 刘 杰 李四磊 孙银青 肖冠军 安 平 马禾午 谢永亮 李 广 李 峰

周 彦 赵莉娟 潘振伟 王效孟 赵芳节 王 庶 孙 淼 祝新云 王佳平 冯钒津 刘 娟

赵迎春 吴 明 徐 慧 王 兵 赵 强 徐 娇 王 伟

**图书在版编目（CIP）数据**

家装风格设计材料选用速查／理想·宅编.—北京：
化学工业出版社，2017.3
ISBN 978-7-122-28991-9

Ⅰ.①家… Ⅱ.①理… Ⅲ.①装修材料-基本知识
Ⅳ.①TU56

中国版本图书馆CIP数据核字（2017）第014388号

责任编辑：王 斌 邹 宁　　　　　　　　　装帧设计：王晓宇

出版发行：化学工业出版社(北京市东城区青年湖南街13号　邮政编码100011)
印　　装：北京方嘉彩色印刷有限责任公司
710mm×1000mm　1/16　印张12　字数300千字　2017年3月北京第1版第1次印刷

购书咨询：010-64518888（传真：010-64519686）　　　售后服务：010-64518899
网　　址：http://www.cip.com.cn
凡购买本书，如有缺损质量问题，本社销售中心负责调换。

定　　价：68.00元　　　　　　　　　　　　　　　版权所有　违者必究

## 现代风格
崇尚新型材料的设计与运用

现代风格即现代主义风格。现代主义也称功能主义，重视功能和空间组织，注重发挥结构构成本身的形式美，造型简洁，反对多余装饰，崇尚合理的构成工艺；尊重材料的特性，讲究材料自身的质地和色彩的配置效果；拓展了材料的使用范围，常将木地板、瓷砖等地面材料设计到顶面中，使材料的使用不局限于某一区域。材料一般用人造装饰板、玻璃、皮革、金属、塑料等；用直线表现现代的功能美。

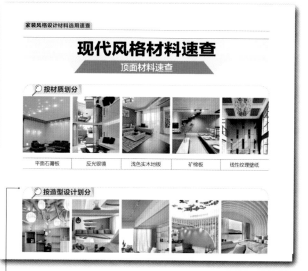

### 家装风格设计材料选用速查
# 现代风格材料速查
## 顶面材料速查

**按材质划分**

| 平面石膏板 | 反光银镜 | 浅色实木地板 | 矿棉板 | 线性纹理壁纸 |

**按造型设计划分**

**风格简介**

专业的设计风格介绍及重点材料说明，帮助读者快速了解设计风格的选材要点。

**材料分类**

依据顶面、墙面、地面三大类；材质、设计造型两小类；划分装修风格材料到点，帮助读者更快找到自己所需的材料。

**材料设计说明**

分析具体材料的特性、与设计风格的契合点，以及常用的搭配技巧等。提供给读者一个全面的材料搭配风格的设计概念。

**实际案例解说材料设计**

讲解装修材料在具体案例中的实际应用，包括总结设计的方式、与其他材料的搭配、与设计风格的搭配等。

**材料价格与施工价格**

根据具体的装修材料，标记出材料的市场价格、施工价格。帮助读者更好、更全面地掌握装修材料的各个方面。

**材料运用原则**

根据相应的设计风格，系统地总结出适合风格的设计材料及材料的运用技巧、设计范围等。帮助读者掌握材料在设计风格中的运用大原则。

**1.现代风格**

### 顶面篇

**平面石膏板**

石膏板是以建筑石膏为主要原料制成的一种材料，其标准尺寸为1.22m×2.44m。现代风格中的石膏板用造常采用拼模块的形式设计，更强调设计的抗造性，突出边角分明的棱角，创造出线性的美感，通常会在平面的吊顶中设计出几条层次随意、却颇具美感的直线，突出现代风格的大胆与创新。

| 材料运用要点速查表 | | |
|---|---|---|
| **1** 不规则的几何造型茶几 | 后现代风格的家居具有独创性的，在现代风格强调新工艺的设计手法上，突出家具造型的几何形式，最常用的如客厅规整的茶几，在符合人体工程学的基础上，设计成极不规则的形状，形成强烈的视觉冲击力，体现后现代风格的个性美 |
| **2** 弧度造型的墙面装饰 | 具有一定美感的弧度造型是后现代风格偏爱的设计，对于可以制作成弧形的材料有特别的要求，以满足先进的施工工艺。在材料运用中，常设计成波浪的造型，装饰在沙发、电视背景处的墙壁上，以墙强空间的多样变化 |
| **3** 拼接的硬包背景墙 | 通常硬包造型都是成方块形状规律地排列在墙面，但后现代风格提倡的设计手法打破了硬包材料的局限性，在墙面常设计成的拼接形，像俄罗斯方块一样自由组合，使墙面极具观赏性 |

# 目录
# Contents

# 现代风格

## 崇尚新型材料的设计与运用

现代风格即现代主义风格。现代主义也称功能主义，重视功能和空间组织，注重发挥结构构成本身的形式美，造型简洁，反对多余装饰，崇尚合理的构成工艺；尊重材料的特性，讲究材料自身的质地和色彩的配置效果；拓展了材料的使用范围，常将木地板、瓷砖等地面材料设计到顶面中，使材料的使用不局限在某一区域。材料一般用人造装饰板、玻璃、皮革、金属、塑料等，用直线表现现代的功能美。

# 现代风格材料速查

## 顶面材料速查

### 🔍 按材质划分

| 平面石膏板 | 反光银镜 | 浅色实木地板 | 矿棉板 | 线性纹理壁纸 |
| --- | --- | --- | --- | --- |

### 🔍 按造型设计划分

| 树枝状 | 悬空型 | 错层型 | 雕花型 | 弧形线条 |
| --- | --- | --- | --- | --- |

## 墙面材料速查

### 🔍 按材质划分

| 皮革硬包 | 金属 | 简洁纹理饰面板 | 纯色乳胶漆 | 条纹壁纸 |
| --- | --- | --- | --- | --- |

## 按造型设计划分

| 镂空石膏板造型 | 竖条纹造型 | 黑镜搭配硬包 | 创意手绘 | 百合花马赛克 |

# 地面材料速查

## 按材质划分

| 暖色复合地板 | 原纹理板岩砖 | 无纹理抛光砖 | 纯色地毯 | 亮光大理石 |

## 按造型设计划分

| 瓷砖搭配木地板 | 圆形花毯 | 仿洞石造型 | 拼花木地板 | 碎片瓷砖拼花 |

## 材料运用要点速查表

| | |
|---|---|
| **1** 金属材料不宜大面积使用 | 现代风格以大胆地使用金属材料，如不锈钢、铁器等形成其风格的独特特点。但金属材料表面过于坚硬，触摸手感冰冷，不适合大面积使用。在设计中，多将金属材料运用到墙面的点缀设计中，以突出设计的新颖与大胆 |
| **2** 材料的使用不受其本身特点的束缚 | 像木地板、瓷砖等通常是设计在地面的绝佳材料，但现代风格有突破传统的特点，也可将其设计到墙面、顶面等空间，彻底地颠覆材料的传统使用规律 |
| **3** 喜欢使用新型的材料 | 常用不锈钢、铝塑板或合金材料作为室内装饰及家具设计的主要材料；也可以选择玻璃、塑胶、强化纤维等高科技材质，来表现现代时尚的家居氛围 |

## 顶面篇

### 平面石膏板

　　石膏板是以建筑石膏为主要原料制成的一种材料，其标准尺寸为 1.22m×2.44m。现代风格中的石膏板吊顶通常不采用传统的回字形设计，更强调设计的独创性，突出边角分明的棱角，创造出线性的美感，通常会在平面的吊顶中设计出几条看似随意、却颇具美感的直线，突出现代风格的大胆与创新。

**吊顶说明：** 平面石膏板吊顶的好处在于，更能突出现代风格所表达的简洁特点。

**参考价格❶：** 平面石膏板吊顶的施工及材料价格为 125~135 元 / 平方米；其中，纸面石膏板的价格为 19~35 元 / 张。

**吊顶说明：** 回字形吊顶没有采用传统的石膏线收边，而是选用了石膏板裁成的线条。

**参考价格：** 石膏板做的收边线价格与石膏线的价格是一样的，其施工及安装价格为 20~35 元 / 米。

**吊顶说明：** 石膏板吊顶内暗藏的灯带明亮柔和的原因在于，吊顶具有足够的深度提供灯带发光。

**参考价格：** 回字形的石膏板吊顶施工及材料价格为 135~155 元 / 平方米。

❶ 实际价格受材料质量、施工方法、地域差别、市场波动等因素影响，此处所列价格仅供参考。

## 反光银镜

　　水银镜简称银镜，是现代风格中最常用到的装饰材料，常常被设计到吊顶当中，拓展空间的视觉高度。在吊顶设计中，银镜适合层高较低矮的空间，可以大面积地设计在吊顶中，也可以局部地使用搭配石膏板吊顶，带给人真假错乱的视觉感。值得注意的是，吊顶中设计银镜需采用多块组合式的形式，不可采用一整张的银镜，不然极有可能发生掉落的危险。

**吊顶说明：**镶嵌在吊顶内部的银镜将灯带的白光反射得更加明亮。

**参考价格：**银镜吊顶的施工及材料价格为 195~225 元 / 平方米。

**吊顶说明：**600mm×1200mm 的银镜将客厅空间倒映在吊顶中，实现空间的视觉拓展效果。

**参考价格：**银镜的市场价格为 70~120 元 / 平方米，主要视其厚度而定。

## 浅色实木地板

实木地板是天然木材经烘干、加工后形成的地面装饰材料，通常设计在卧室中作为地面材料，但现代风格打破传统的设计理念，拓展了实木地板的使用维度，将其设计在吊顶中呼应同样材质的地面地板，使空间融合成一个整体，突出了现代风格设计的创新性。

**吊顶说明：**顶面、墙面、地面采用了统一材质的实木地板，并配以几何线形的设计，增添了客厅的观赏性。

**参考价格：**实木地板的材料价格为 350~650 元 / 平方米。

## 生态木

生态木是近几年的新型材料，也是现代风格中常用到的材料，其设计的吊顶往往具有防水、防潮的功能。而可根据设计图纸定制的生态木吊顶，能创造出多样化的设计效果，使现代风格的空间更具个性化与独创性。

**吊顶说明：**定制成树枝状的生态木吊顶上挂满了圆形的吊灯，像一棵壮硕的大树上结满了果实，颇具生态气息。

**参考价格：**生态木吊顶的定做价格为 80~550 元 / 平方米。

## 墙面篇

### 皮革硬包

　　皮革硬包是将皮革直接包裹在密度板制作的方块造型上，中间不采用软包常使用到的海绵等柔软材质。相比较软包，皮革硬包更适合现代风格，因其具有鲜明的棱角，恰好符合现代风格突出的线条感与工业设计特质。皮革硬包具有多种的造型选择，正方形、长方形、菱形则是常用到的几种设计造型，当然，为了突出现代风格的创新性，也常设计成不规则的皮革硬包造型。

**墙面说明：**横向排列的长方形皮革硬包弱化了挑高的客厅高度，却创造出宽阔的空间感。

**参考价格：**皮革硬包的墙面造价为160~280元/平方米。其中，价格的浮动主要表现在选用皮革材质的差异上。

**墙面说明：**皮革硬包墙面造型常搭配黑镜设计，其中黑镜的切割尺寸与皮革硬包保持一致，形成强烈的墙面纵深感。

**参考价格：**黑镜的墙面造价为80~180元/平方米。

**墙面说明：**偏近于中性色的浅米色皮革硬包很容易烘托出客厅的温馨氛围，并且可以有效地提升空间的柔软度。

**参考价格：**皮革的市场价格为50~350元/平方米。

## 金属

金属是现代风格中最具代表性的材质，能突出现代风格的工业化设计特质。金属的材质多以不锈钢的形式出现，如不锈钢的灯具、不锈钢的工艺品及不锈钢的墙面造型等。设计在墙面中的不锈钢通常不会大面积地出现，避免带给空间过于硬朗的感觉。不锈钢的最佳搭配材料为镜片，相近的材质感可以带给空间更丰富的时尚感。

**墙面说明：**金漆的细条纹金属造型搭配磨砂花纹的银镜，拓展了狭长空间的视觉宽度，并且带来十足的设计感。

**参考价格：**金漆细条纹金属造型的价格为 220~430 元 / 平方米。

## 简洁纹理饰面板

饰面板表面逼真的木纹理常会被用来设计空间的墙面，因其造价远低于实木板材的墙面，受到广大消费者的喜爱。饰面板的样式非常多，且色彩丰富，可以仿造任意一种天然的木材纹理。在墙面的设计中，饰面板常搭配白乳胶漆或者不锈钢线条等材质，以突出墙面饰面板造型的主题，成为空间的视觉亮点。

**墙面说明：**深色饰面板设计的电视背景墙与客厅的整体色调形成鲜明的对比，突出了电视背景墙的设计，成为空间内的视觉亮点。

**参考价格：**饰面板的市场价格为 65~120 元 / 张。

## 镂空石膏板造型

墙面造型设计中最常见到的就是石膏板造型，其中又以镂空石膏板造型最具特色，也更符合现代风格创新的设计理念。如空间内的电视背景墙、沙发背景墙、餐厅主题墙及卧室床头墙等都比较适合镂空石膏板造型。设计在客厅空间，还可以摆放工艺品，丰富空间的设计元素，提升空间的设计品位。

**墙面说明：** 涂刷白色乳胶漆的镂空石膏板造型内摆放着造型精致的工艺品，极大地丰富了空间的设计元素。

**参考价格：** 镂空石膏板造型的墙面价格为 145~185 元 / 平方米。

## 百合花马赛克

墙面马赛克造型当然不止百合花一种，但它却是最具代表性的一种拼花造型。马赛克墙面设计是与现代风格设计相辅相成的材料，花纹样式的马赛克体现了材料的创新设计。设计中，通常会在墙面大面积地粘贴花纹马赛克，以形成鲜明的主题。

**墙面说明：** 偏重于深色调的墙面马赛克可以很好地承担起过道端景的装饰，使每一个经过的人都会注视墙面的百合花图案。

**参考价格：** 花纹马赛克的市场价格为 185~560 元 / 平方米。

## 地面篇

### 暖色复合地板

现代风格的装修设计中，常会将木地板设计在客厅、餐厅等空间，对木地板的耐划性有较高的要求，因此在木地板的选择中，复合地板自然替代了实木地板成为最佳选择。复合地板较强的耐划性使其可设计在任意空间，并且复合地板的纹理设计突破了木纹理的局限，也会设计成网格状的布艺纹理，可以更好地搭配现代风格的设计。

**地面说明：** 复合地板与客厅内的家具在色调上保持了一致，使得空间具有高度统一的视觉美感。

**参考价格：** 浅色调复合地板的市场价格为 130~180 元 / 平方米。

**地面说明：** 阳台对木地板的耐磨性要求比较高，而深色的复合地板可以满足要求，并且较深的颜色也便于打理。

**参考价格：** 凹凸复合地板的市场价格为150~220 元 / 平方米。

### 原纹理板岩砖

板岩地砖不同于普通的地砖材质，其本身的纹理极具特点，铺设在地面非常具有时尚感，是搭配现代风格的绝佳材料。板岩地砖天然的质感在现代风格设计中常搭配实木材质出现，以体现原始、粗犷的质感。

**地面说明：** 深色调的板岩地砖将整个空间沉稳下来，与顶面的白色乳胶漆形成对比，增添了空间的纵深感。

**参考价格：** 板岩地砖的市场价格为 65~145 元 / 平方米。

## 圆形花毯

地毯在现代风格中的运用是频繁的，但不同于以往的是，地毯常设计成块状的组合，或者是方块造型，或者是圆形花毯，铺设在地面上形成斑斓的色彩变化，提升地面设计的丰富度。其中，圆形花毯最具有代表性，其突破了传统的切割方式，形成具有现代风格特色的创新，是空间设计中的一大亮点。

**地面说明：**圆形花毯中心选用了整块的米色毯，四周则裁成色彩斑斓色的条状，与沙发形成完美的客厅组合，具有高度的统一性。

**参考价格：**圆形花毯的市场价格为50~135元／平方米。

## 拼花木地板

木地板拼花往往可以带给空间丰富的变化，使地面设计不再单调、枯燥。现代风格中的木地板拼花则强调规律的线条感，使木地板拼花成一定样式的规律排列，展现出线条美。木地板拼花的颜色并没有一定的限制，可以是深红色调的，也可以是浅米色调的，其选择常根据空间的总色调而定。

**地面说明：**深色调的木地板拼花与粉色墙面形成强烈的对比，时尚感应运而生。而木地板拼花较深的色彩也可以将卧室变得沉稳内敛一些。

**参考价格：**拼花实木地板的市场价格为420~580元／平方米。

# 2

# 后现代风格
## 强调材料的个性化使用

后现代主义风格是一种在形式上对现代主义进行修正的设计思潮与理念，常在室内设置夸张、变形的柱式和断裂的拱券，或把古典构件的抽象形式以新的手法组合在一起，即采用非传统的混合、叠加、错位、裂变等手法和象征、隐喻等手段来塑造室内环境；大量使用铁制构件，将玻璃、瓷砖等新工艺以及铁艺制品、陶艺制品等综合运用于室内；在材料的选择上，除去新工艺手法的材料外，更强调材料的几何造型、不规则造型，以形成对传统的突破。

# 后现代风格材料速查

## 顶面材料

### 🔍 按材质划分

| 多变饰面板 | 纯色黑镜 | 深色木地板 | 素色石膏板 | 清玻璃 |

### 🔍 按造型设计划分

| 斜顶 | 弧形顶 | 拼接条形黑镜 | 叠级石膏板 | 方块造型 |

## 墙面材料

### 🔍 按材质划分

| 造型壁纸 | 无纹理硬包 | 亮色马赛克 | 人物手绘 | 整块洞石 |

## 按造型设计划分

| 波浪造型 | 弧形墙面 | 暗光造型 | 银镜搭配硬包 | 蓝白条纹马赛克 |

# 地面材料

## 按材质划分

| 仿木纹瓷砖 | 亮面大理石 | 深色实木地板 | 绒毛地毯 | 米色亚光砖 |

## 按造型设计划分

| 斜铺木地板 | 斜拼地砖 | 仿地板式瓷砖造型 | 瓷砖拼接木地板 | 弧形毯造型 |

## 材料运用要点速查表

| | |
|---|---|
| **1 不规则的几何造型茶几** | 后现代风格的家具是具有独创性的，在现代风格强调新工艺的设计手法上，突出家具造型的几何形式。最常见的如客厅摆放的茶几，在符合人体工程学的基础上，设计成极不规则的形状，形成强烈的视觉冲击力，体现后现代风格的个性美 |
| **2 弧度造型的墙面装饰** | 具有一定美感的弧度造型是后现代风格偏爱的设计，对于可以制作成弧形的材料有特别的要求，以满足先进的施工工艺。在材料的运用中，常设计成波浪的造型，装饰在沙发、电视等处的背景墙上，以增强空间的多样变化 |
| **3 拼接的硬包背景墙** | 通常硬包造型都是成方块形状规律地排列在墙面，但后现代风格提倡的设计手法打破了硬包材料的局限性，在墙面常设计成不规则的拼接形状，像俄罗斯方块一样自由组合，使墙面极具观赏性 |
| **4 抽象手绘墙面** | 后现代提倡的手绘是抽象性的，墙面通常不会出现拟物的画法，而是自由地发挥手绘师的想象，利用多变的色彩呼应空间的设计。抽象的墙面手绘的优点就在于此，可以与空间的设计完美地融合，与空间内的家具、装饰品等形成巧妙的呼应 |
| **5 马赛克拼花** | 马赛克的设计运用到客餐厅、卧室等空间是后现代风格设计的常用手法。马赛克的造型不会呈固定的形式，而多以几何拼接形式出现在电视背景墙、餐厅主题墙等处，但不会大面积地出现，而是以局部的设计点缀，增添空间的亮点 |
| **6 弧形拼接地毯** | 地毯不会在地面大面积铺设，而是铺设在沙发的周围、双人床的两侧。拼接的弧形地毯具有大胆的配色、优美的弧度，满足实用性的同时，也成为后现代风格空间内独特的设计亮点 |

## 顶面篇

### 多变饰面板

　　饰面板在家居中运用广泛，在后现代风格的设计中，会将饰面板设计在吊顶中，以改变长久以来单调的顶面材料运用。在顶面的饰面板材料设计中，不会选择过于深的色调，避免带给空间压抑的感觉；而多选择浅淡的中性色，烘托空间内的温馨气氛。

**顶面说明：**顶面饰面板的造型与墙面、地面的设计恰当地融合，使卧室的内部像裂出一块豁口来，充分地体现了后现代风格的独特性。

**参考价格：**饰面板吊顶的价格为 165~210 元 / 平方米。

### 深色木地板

　　后现代风格的木地板吊顶通常是大面积设计的，同时呼应墙面或者地面的木地板，形成上下间的呼应设计。因为木地板本身带有木纹理的颜色，不像白色乳胶漆顶面一样的轻盈，对设计的水平要求很高，尤其在顶面设计深色调的木地板时更是要小心，一定要掌握了空间的整体搭配后，才好做决定。

**顶面说明：**客厅的顶面全部设计成深色调的木地板，与电视背景墙的木地板形成连接式的设计，极具后现代主义颠覆传统的特点。

**参考价格：**木地板吊顶的价格为 410~650 元 / 平方米。

## 素色石膏板

石膏板吊顶在后现代风格中的设计不会像制作成一个回字形顶那样简单，而是强调设计的独创性。比如，设计成向一侧倾斜的吊顶、或是利用繁复叠级的石膏板打造出线性美感。虽然石膏板的材料没有创新，但全部的设计新意都体现在了石膏板的几何造型上，以呼应后现代风格的空间设计主题。

**顶面说明：**向一侧倾斜的石膏板吊顶，改变了空间原有的顶面结构，无主灯式的设计更是体现了后现代突破传统的设计主题。

**参考价格：**石膏板斜顶的价格为 165~175 元 / 平方米。

**顶面说明：**平面吊顶上除去悬挂必要的吊灯外，没有一处多余的装饰，体现后现代风格设计的简洁性。

**参考价格：**石膏板的市场售价为 25~55 元 / 张。

**顶面说明：**利用石膏板容易切割的特性，设计层层的叠级，代替了石膏线的作用，形成极具美感的吊顶。

**参考价格：**阴角石膏板叠级线条的价格与石膏线相当，材料及施工的价格为 25~40 元 / 米。

## 纯色黑镜

黑镜是后现代风格吊顶设计中常运用到的材料，并且在吊顶中有多种方式的设计，可以搭配石膏板造型、也可以将黑镜切割成菱形的造型在顶面规律地排列，主要起到的目的是拓展空间的视觉高度，化解低矮楼层带来的压抑感。

**顶面说明：**用石膏线条包裹住的黑镜有良好的固定效果，不用担心黑镜粘贴的牢固度。在客厅的设计中也巧妙地呼应了电视背景墙的设计。

**参考价格：**石膏板搭配黑镜的吊顶包括材料与施工的价格为220~265元/平方米。

**顶面说明：**厨房吊顶全部采用黑镜设计的好处在于方便后期的油烟打理，不用担心油烟挂在顶面表面却无法清理的情况。

**参考价格：**黑镜倒边工艺的价格为35~55元/米。

## 弧形吊顶

弧形吊顶是后现代风格中具有代表性的吊顶设计。弧形吊顶的式样非常多，可以设计在吊顶与墙面的衔接处，形成弧度的造型；也可以在吊顶的中央设计成波浪的形状，形成蜿蜒起伏的感觉。弧形吊顶的设计亮点在于改变了墙体横平竖直的固定格局，使空间也可以具有优美的弧度感。

**顶面说明：**从电视背景墙向上延伸至吊顶的弧度造型是客厅的设计亮点，并将墙面与顶面巧妙地融合在了一起。

**参考价格：**石膏板制作的弧形吊顶的价格为195~225元/平方米。

## 墙面篇

### 造型壁纸

　　后现代风格中的壁纸与其他种类风格设计有明显的区别，首先体现在壁纸的图案上，后现代风格的壁纸图案多以抽象的纹理或横竖变化的线性纹理组成，呼应空间内同样几何造型的家具；其次，壁纸在墙面中的运用也不单是大面积的粘贴，而是强调与墙面设计的融合，比如搭配木工板、饰面板等材料，起到衬托的作用。

**墙面说明：** 竖条纹的壁纸粘贴满客厅的墙面，搭配地面瓷砖的横向条纹，形成线性设计上的互补与对比。

**参考价格：** 竖条纹壁纸的市场价格为 65~145 元/卷。

**墙面说明：** 带有凹凸纹理的朱红色壁纸在灯光的照射下，将卧室打造得如舞台一般绚烂、激情。

**参考价格：** 带有凹凸纹理朱红色壁纸的市场价格为 85~155 元/卷。

### 整块洞石

　　洞石在家居设计中的运用常常是作为地面的石材出现，而后现代风格却大胆地将洞石设计到墙面中，并大面积地铺设，带给空间新鲜的视觉感受。在墙面的设计中，洞石也常设计为电视背景墙、餐厅主题墙，提升空间的设计档次。后现代风格中的洞石常搭配不锈钢等金属材质出现，既体现了后现代的设计突破，也解决了洞石不好收边的难题。

**墙面说明：** 整体墙面百分之七十的空间均设计为洞石，电视墙在其中却突显得恰到好处，形成一处具有档次的客餐厅空间。

**参考价格：** 洞石的市场价格为 190~240 元/平方米。

## ■ 无纹理硬包

后现代风格中的硬包设计并不限于皮革一种材质，其他的还包括布艺、丝绸等；硬包的造型则不同于传统的规律造型，更像是俄罗斯方块的拼接组合，极具趣味性。在具体的墙面设计中，在硬包的中间常会穿插有镜面材质、不锈钢金属等材质，形成墙面的多样性变化。

**墙面说明：** 绒布硬包拥有舒适的触摸感及良好的视觉效果，承担起床头背景墙的作用。

**参考价格：** 灰色绒布硬包包括材料与施工的价格为85~125元/平方米。

**墙面说明：** 皮革硬包搭配倒边银镜是后现代风格墙面的经典设计，既可拓展空间的横向视觉，又带来时尚感。

**参考价格：** 皮革硬包包清工的价格为45~55元/平方米。

**墙面说明：** 浅米色的不规则形状布艺硬包拼接得恰到好处，其凹凸变化的墙面也提供给客厅更多的审美体验。

**参考价格：** 不规则形状的布艺硬包包括材料和施工的价格为120~150元/平方米。

## 波浪造型

　　波浪造型的墙面通常不会大面积设计，只会用在电视背景墙、沙发背景墙、床头背景墙等处。设计波浪造型的墙面对空间大小是有一定要求的，横向纵深越宽越好，因为波浪造型本身会突出墙面很大一块距离，狭长的空间显然并不适合。但装饰出波浪造型的墙面是极具美感的，往往可以成为空间的绝对亮点。

**墙面说明：** 独立于沙发背景墙的波浪造型具有深沉的紫色，在不做造型的平顶的衬托下，成为空间绝对的设计主题。

**参考价格：** 波浪纹墙面造型的定制价格为2800~4500 元 / 项。

## 弧形墙面

　　弧形墙面在后现代风格的各种材料运用中是最难于施工的一种，其对施工弧度的掌控须非常严谨。用于弧形墙面的材质也是有很高要求的，像细木工板这种坚硬的板材并不合适，而应该使用九厘板；或者需要拆除原墙面，再用水泥、红砖等砌筑出标准的弧度来。

**墙面说明：** 走廊与餐厅餐厅的连接处设计成弧形的墙面，可以有效地保障家中人员的安全，避免磕碰到墙体衔接的阳角处。

**参考价格：** 红砖砌筑的弧形墙体价格为145~185 元 / 平方米。

## 地面篇

### 仿木纹瓷砖

　　瓷砖的种类有许多，但可以兼顾地板质感与瓷砖质感的当属于仿木纹瓷砖。在后现代风格的设计中，对仿木纹瓷砖的纹理是有要求的，像一些杂乱且线条感不强的仿木纹瓷砖并不适合后现代风格的使用；而具有鲜明的线性纹理的仿木纹瓷砖比较符合后现代的设计主题，无论是搭配几何形的家具还是装饰品，都可以很好地融合在一起。

**地面说明：**线条感明显的仿木纹地砖拉长了客厅的纵深，其浅灰的色调也使得空间更具时尚感。

**参考价格：**仿木纹瓷砖的市场价格为 135~150 元／平方米。

**地面说明：**横向的仿木纹地砖与竖向的墙面造型形成对比，强调了后现代风格中的线性设计美感。

**参考价格：**仿木纹瓷砖的人工铺贴价格为 25~30 元／平方米。

### 亮面大理石

　　后现代风格中的地面大理石设计特点是，减少大理石拼接间的可见缝隙，产生就像是一块石材铺成的错觉。这样的地面设计体现了先进的施工手法。在地面大理石的样式选择中，并不局限于某一种的色调，而主要是看大理石的纹理彼此间是否能连贯地衔接。

**地面说明：**爵士白大理石铺设的地面并没有明显的接缝，这主要源于爵士白的浅淡色调与填缝剂的浅白色相近。

**参考价格：**爵士白大理石的市场价格为 230~245 元／平方米。

## 斜铺木地板

　　木地板在后现代风格中的运用中为了突出设计创新，会将木地板斜铺，形成审美上的新鲜变化。虽然这种设计会使空间增色不少，并拥有一定的美感，但木地板的材料损耗是比较大的，无形中会增加木地板的预算支出。

**地面说明：**略显狭长的客厅将木地板斜铺是巧妙的设计手法，无形中拓展了客厅的宽度，同时化解了客厅的狭长感。

**参考价格：**浅色复合地板的市场价格为 135~185 元 / 平方米。

**地面说明：**狭长的走廊空间是最适合将木地板斜铺的空间。

**参考价格：**木地板斜铺的辅材加人工费为 30~45 元 / 平方米。

## 仿地板式瓷砖造型

　　这种地面设计是将瓷砖切割成木地板的长条形状，并仿照木地板铺贴在地面。这种设计并不适合应用在客厅、卧室等较大的空间，因为会发生严重的材料浪费现象。通常在后现代的风格设计中，会将这种设计运用到阳台、厨房、卫生间等空间，这几处空间的面积相对较小，并且缺少装修元素，因此，在地面上做文章是不错的办法。

**地面说明：**卫生间铺满切割成木地板形状的防滑砖，一直延伸至浴缸的侧边。细密的地砖排布，似乎将卫生间拓展了许多的空间。

**参考价格：**地砖加工成木地板形状的加工费用为 25~30 元 / 平方米。

# 3

# 简约风格
## 抛弃材料的繁杂与浮华

　　简约起源于现代派的极简主义。简约风格简单讲就是简单而有品位的设计，这种品位体现在对设计细节上的把握，每一个细小的局部和装饰都要深思熟虑；在施工上更要求精工细作，是一种不容易达到的效果。因此，可以说简约风格对材料的要求是非常高的，要求使用的每一种材料都需简洁，并在细节上要求完美。摒弃繁杂的造型体现在吊顶、墙面的设计当中，不会采用多余的材料装饰、多余的造型设计，保持材料最原始的状态。像实木、石材等自然材料也要求保有最初的形态，并不在其表面做过分的开发与设计。

# 简约风格材料速查

## 顶面材料

### 按材质划分

| 无造型石膏板 | 条纹木饰面 | 钢化玻璃 | 黑镜 | 花纹雕花格 |

### 按造型设计划分

| 下凸型吊顶 | 多边形吊顶 | 镂空型吊顶 | 圆弧造型 | 桑拿板造型 |

## 墙面材料

### 按材质划分

   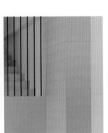 

| 木格栅 | 暖色文化石 | 切割洞石 | 无缝饰面板 | 仿砖纹硅藻泥 |

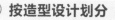

按造型设计划分

| 树叶造型 | 柜体造型 | 暗光源造型 | 石膏板造型 | 树枝雕花造型 |

## 地面材料

按材质划分

| 大块钢化玻璃 | 无缝抛光砖 | 棕色绒毛地毯 | 浅纹理实木地板 | 淡纹理亚光砖 |

按造型设计划分

| 木地板拼接瓷砖 | 大理石拼花 | 斜铺木地板 | 满铺花毯 | 地砖拼花 |

## 材料运用要点速查表

| | |
|---|---|
| **1 精美的雕花格设计** | 简约风格设计中雕花格的运用并不是独立的，而是将雕花格与其他的实用材料结合，达到美观与实用相结合的目的。如雕花格与石膏板吊顶结合，将灯光照明隐藏在雕花格中，省去了灯具的装饰，达到简化空间的目的 |
| **2 无处不在的暗光源** | 暗光源在简约风格的设计中是随处可见的。客厅、餐厅、卧室等空间，吊顶、墙面、地面等平面皆有暗光源的设计。其中最常见的是暗光源搭配墙面的凹凸造型，形成光影错落的感觉；将暗光源设计在吊顶中则是起到烘托空间气氛的作用 |
| **3 吊顶中的黑镜墙** | 简约风格提倡简洁的设计与精致的细节。表现在吊顶中则是少量的顶面造型，尽量不利用石膏板设计造型，而是采用黑镜搭配白色吊顶形成强烈的黑白对比，既简洁，又有较强的设计感 |
| **4 色调舒适的石材** | 运用到简约风格中的石材普遍有一个共同点，即偏近中性色的舒适色调，且这类石材的纹理并不繁杂，而是具有简约的美感。当然也会运用到类似爵士白一类的白色石材，利用丰富的纹理与简约空间形成强烈的对比 |
| **5 不同于传统拼接方式的木地板** | 一般简约风格的木地板有两种铺装方式。其一是在木地板的尺寸上做文章，通常把木地板切割成更窄、更短或长的形状，铺设在地面形成紧密延长的感觉，颇具审美感；其二是改变木地板的铺设方式，如木地板拼花、斜铺木地板等，但这样的铺设普遍是小面积的，为了起到点缀空间的作用 |

## 顶面篇

### 无造型石膏板

石膏板的特点是容易设计多种的造型，通过叠级、拼接等方式形成各种样式的吊顶。但在简约风格中，石膏板吊顶则最大化地简化设计，不表现繁杂的造型，而是在石膏板边界衔接处做设计，突出简约风格精湛的细节处理美感。这样设计不代表石膏板吊顶不做造型便是好的，而是恰到好处地设计造型，根据墙面设计、家具样式搭配设计。

**顶面说明：** 看似没有做造型的石膏板吊顶却在细节上费尽了心思，客厅四周的暗光灯带便是亮点，与餐厅的错层吊顶也明显地区别开两处空间。

**参考价格：** 四周做暗光灯带的石膏板平顶造价为145~155 元 / 平方米。

**顶面说明：** 没有做丝毫设计的吊顶，展现了设计上的极致简洁，嵌入在内的射灯也小巧精致。

**参考价格：** 固定石膏板的木方在市场中的价格为20~35 元 / 捆。

**顶面说明：** 石膏板吊顶随着下凹式的客厅设计了同样内凹的造型，使客厅鲜明地独立出来。沙发上侧的四盏筒灯则起到提亮空间的作用。

**参考价格：** 4 寸筒灯在市场中的价格为 15~45 元 / 个。

## 钢化玻璃

钢化玻璃设计在吊顶中一般是很少见的,但简约风格却将钢化玻璃设计得恰到好处,因为钢化玻璃良好的通透性与简洁的表面很符合简约风格的设计理念。挑空的客厅、阳台空间常设计钢化玻璃的吊顶,比如阳台空间的阳光房、客厅上空的钢化玻璃等。

**顶面说明:** 客厅吊顶的一部分空间为挑空的,在上面铺设钢化玻璃以保证安全,并且增加了客厅的采光。

**参考价格:** 5 毫米夹胶钢化玻璃的价格为 135~148 元 / 平方米。

## 小花纹雕花格

雕花格吊顶在各种风格中都有体现,但在简约风格中的设计最独特的。设计中会将雕花格与吊顶完全地融合在一起,而不是将雕花格独立出来。常见的形式便是在雕花格的内部嵌入灯光,作为空间的主要照明光源。

**顶面说明:** 正方形的雕花格处在平面吊顶的中心,代替了传统的吊顶。从雕花格内部照射出来的灯光也更具柔和的特点。

**参考价格:** 白色混油雕花格的市场价格为 445~530 元 / 平方米。

**顶面说明:** 雕花格吊顶同样设计成客厅主灯的形式,而长方形的造型则更适合略显方正的客厅空间。

**参考价格:** 长方形雕花格的市场价格为 350~460 元 / 平方米。

## 多边形吊顶

设计多边形吊顶的简约风格空间，通常空间都呈不规则的形状，吊顶也随之设计成相应的造型。虽然吊顶是多边形的，但整体的吊顶设计还是趋于简洁的，并不在吊顶的造型上做文章，而是将多边形的四周处理出恰当的比例，使其具有黄金分割线一般的设计美感。

**顶面说明：** 多边形吊顶中心的设计是简洁的，精致的细节处理均表现在吊顶的四周，向下延伸的白色吊顶增添了整体的厚重感。

**参考价格：** 多边形吊顶的造价为 155~160 元 / 平方米。

## 圆弧造型

圆弧吊顶造型体现在简约风格当中，首先是强调弧度的美感，或者圆弧与周围空间的恰当比例。设计圆弧造型有多种形式，但基本离不开与灯具的结合设计。如在圆弧的四周设计暗光源，以增添弧线的光影美感；或者将吊顶、吸顶灯与圆弧造型结合，形成整体性的设计。

**顶面说明：** 入户门厅的位置，下吊的吸顶灯与圆弧造型结合出恰当的比例，形成叠级的圆弧变化美感。

**参考价格：** 圆弧形吊顶的造价为 165~175 元 / 平方米。

## 墙面篇

### 木格栅

　　木格栅在简约风格中有多种形式的运用，可以固定在墙面上，涂刷与墙面不同的油漆，通过对比色与凹凸变化形成设计美感；可以独立设计成空间的半隐性隔断，形成若即若离的视觉感。木格栅可以保持木纹理的形式设计在墙面中，也可以涂刷成各种颜色的油漆。在简约风格的设计中，更倾向后者，因为纯色的木格栅造型更易体现空间的简约特点。

**墙面说明：** 涂刷淡绿漆的木格栅与客厅的整体色调形成呼应，半隐性的隔断既起到分隔空间的作用，同时保留了通透的视觉。

**参考价格：** 涂刷油漆的木格栅的市场价格为680~830 元 / 平方米。

### 暖色文化石

　　文化石的表面凹凸质感强烈，适合多种家居风格的设计，但在简约风格的设计中比较有新意，弱化了文化石表面的凹凸纹理，通过文化石的切割、拼接造型形成墙面的整体装饰效果，并常在四周搭配白乳胶漆的石膏板造型，以突出中心的文化石造型主题。

**墙面说明：** 细密尺寸的文化石铺满沙发背景墙，其柔和的米色调却增添出许多的温馨，体现了简约的设计特点。

**参考价格：** 小尺寸的文化石的市场售价为 75~100 元 / 平方米。

## 柜体造型

简约风格提倡简化空间的设计与布置，因此像柜体一类的造型通常是在墙面上做文章。如将墙体开出一个洞，设计成内凹式的柜体，里面可以摆放书籍、装饰品等；或在墙面上外凸出一块木板做成的柜体，里面同样可以摆放工艺品、相片等。这种设计极大地节省了空间的面积，挖掘出空间设计的最大价值。

**墙面说明：** 嵌入墙体的柜体内部设计有暗光源，这样的好处在于避免内凹的柜体空间过于阴暗。

**参考价格：** 嵌入红砖墙的柜体的造价为 500~800 元 / 项。

**墙面说明：** 沙发背景墙设计成外凸式的书柜，可以在上面摆放物品，同时也成为客厅的墙面装饰亮点。

**参考价格：** 木作柜体刷漆的人工费为 20~40 元 / 平方米。

**墙面说明：** 电视背景墙上侧简单的两处内凹式柜体，丰富了弧形电视背景墙的设计，使电视背景墙不至于显得单调。

**参考价格：** 九厘板隔墙内嵌柜体的造价为 135~140 元 / 平方米。

## 树叶造型

　　树叶墙面造型是一种很具体的简约风墙面设计，体现简约风格亲近大自然的特质。在墙面上设计树叶造型有多种方法，可以利用手绘画出黑色的叶片与白色的墙面形成对比；可以制作出树叶的立体造型，粘贴在墙面上，这样设计的好处在于更具视觉美感与立体感。

**墙面说明：**楼梯间的墙面上随意地粘贴着立体的树叶造型，像风儿吹拂过一样自然，颇具一种宁静的美感。

**参考价格：**立体的树叶造型在市场中的定制价格为 450~600 元 / 项。

## 暗光源造型

　　暗光源是简约风格设计中惯用的设计手法，并不像其他种类风格一样将暗光源明显地外露出来，而是尽其所能将暗光源设计得完全看不出来。表现在墙面当中，便是将暗光源隐藏在造型中，只有在灯光开启时才会令人意识到那里设计了暗光源，起到制造惊喜的作用。

**墙面说明：**卧室墙面的石膏板造型凹凸变化，将暗光源隐藏在其间，夜晚可以烘托出优美的空间氛围。

**参考价格：**暗光源设计在墙面中的造价为 30~50 元 / 米。

## 地面篇

### 无缝抛光砖

抛光砖所具有的高反光度很适合设计在简约风格的空间中，可以提升空间的纵深感，使空间变得更加明亮。在选择抛光砖的样式时应当注意，抛光砖的纹理不要过于花哨，而要具有条理性的纹理，或者带有极不明显的纹理，以呼应简约风格的简洁特质，保持空间的纯洁性。

**地面说明：**无纹理的抛光砖将黄色的单人沙发与角几投映到地面上，形成一种向下延伸的纵深感，颇具美感。

**参考价格：**无纹理的抛光砖的市场价格为55~80 元 / 平方米。

**地面说明：**条纹清晰的米色抛光砖与客厅的整体色调相融合，展现出一处颇具温馨感的客厅空间。

**参考价格：**米色条纹抛光砖的市场价格为65~120 元 / 平方米。

**地面说明：**客厅地面的抛光砖具有明亮的反光度，将窗外的景致映衬到室内空间，丰富了客厅内的设计变化。

**参考价格：**微晶石瓷砖的市场价格为 350~700 元 / 平方米。

## 木地板拼接瓷砖

在简约风格的地面设计中，木地板拼接瓷砖的情况一般发生在两处不同空间的连接处，如客厅与餐厅的衔接处。客厅可铺设木地板，但餐厅因为邻近厨房，并经常接触流水，铺设木地板则不合适，因此，便发生木地板拼接瓷砖的情况。为了提升两种不同材质的拼接美感，常会将拼接处设计为具有一定美感的弧度造型，以弱化两种不同材质的衔接。

**地面说明：**地面瓷砖与木地板的弧形衔接与吊顶相互协调，使空间更显整体性，并且瓷砖铺设的餐厅不用担心油渍、水渍的祛除。

**参考价格：**瓷砖切割弧形边角的费用为5~6元/米。

## 大理石拼花

简约风格中，地面的大理石拼花不同于欧式风格强调奢华与繁复，而是强调简洁与细节的精致。在大理石的种类上不会选用得太多，通常是一到两种的石材，通过排列、组合、规律复制而成，形成独具简约风格的大理石拼花设计。

**地面说明：**将爵士白大理石斜拼，在四角处分别铺设小块的纯黑大理石，这样规律排列整体空间，一种低调的奢华油然而生。

**参考价格：**纯黑大理石的市场价格为245~250元/平方米。

# 4

# 混搭风格
## 多种材料元素相互碰撞

　　混搭风格糅合东西方美学精华元素，将古今文化内涵完美地结合于一体，充分利用空间形式与材料，创造出个性化的家居环境。混搭并不是简单地把各种风格的元素放在一起做加法，而是把它们有主有次地组合在一起。混搭是否成功，关键看是否和谐。中西元素的混搭是主流，其次还有现代与传统的混搭。在同一个空间里，不管是"传统与现代"，还是"中西合璧"，都要以一种风格为主，靠局部的设计增添空间的层次。混搭之初最关键的工作就是要确定一个主要的基调或抓住一个主题，装修材料也随着主要的基调而确定，并进行合理的材料搭配设计。

# 混搭风格材料速查

## 顶面材料

### 🔍 按材质划分

| 素色乳胶漆 | 浅橡木饰面板 | 铝塑板 | 实木线条 | 刷白漆石膏板 |

### 🔍 按造型设计划分

| 尖拱形吊顶 | 实木梁造型 | 圆弧造型 | 皮革造型顶 | 叠级造型顶 |

## 墙面材料

### 🔍 按材质划分

| 人造大理石 | 绿色乳胶漆 | 浓郁色彩壁纸 | 原色红砖 | 棕红饰面板 |

| 文化石拼块造型 | 尖拱造型 | 弧形拱门 | 实木雕花造型 | 波浪纹造型 |

## 地面材料

🔍 **按材质划分**

| 线条地毯 | 亮漆竹木地板 | 彩色钢化玻璃 | 做旧地砖 | 花白大理石 |

🔍 **按造型设计划分**

| 仿古砖斜贴 | 大理石收边线 | 大小砖拼花 | 地砖角花拼贴 | 窄边木地板 |

## 材料运用要点速查表

| | |
|---|---|
| **1 仿古砖搭配中式家具** | 这是混搭风格常见的地面与家具搭配设计。在仿古砖的样式与颜色选择中，整体是靠近中式家具的古典质感的。如深棕色的仿古砖搭配红木家具等，就是常见的混搭搭配设计 |
| **2 文化石搭配白色乳胶漆** | 文化石具有粗犷、古朴的质感，而白色乳胶漆则更贴近现代化。混搭风格的墙面将这两种材料相互搭配，形成白色乳胶漆穿插在文化石中间，既体现出空间的古朴质感，又展现了现代化的一面。混搭风格的这种墙面设计可以搭配多种风格家具，如中式家具、欧式家具、东南亚家具等 |
| **3 深色木地板搭配红漆墙面** | 混搭风格的地面材料选择深色的木地板，然后在墙面设计中引用大红色墙漆，以求与地面形成强烈的对比。这样设计的好处在于空间的其他家具、配饰可以随意挑选，具有较高的容错性，无论怎么样搭配都不会失去混搭风格的多样化设计感 |
| **4 大理石的个性化运用** | 一般会体现在混搭风格的墙面设计中，不会将大理石满墙粘贴，而是寻求设计中的融合，与其他类材料相互搭配结合。设计中，地面会保持简洁与统一，然后在家具上做文章，形成大理石与家具的互补与混搭 |
| **5 做旧地砖的多样化运用** | 在混搭风格的设计中，多采用做旧的材质搭配。其中常见的是做旧地砖，可以大面积地铺设在地面中，可以制作成拼花的样式，或者搭配木地板出现等，形成地面的混搭效果 |

## 顶面篇

### 素色乳胶漆

乳胶漆在混搭风格中的运用有几种方式：其一是保持乳胶漆顶面的简洁性，然后在家具与墙面上做文章，顶面乳胶漆起到衬托空间效果的目的；其二是涂刷在造型变化的顶面上，形成顶面的多边形，这种乳胶漆吊顶比较好搭配家具与装饰，使空间更容易展现出设计的混搭效果。

**顶面说明：** 顶面涂刷的白色乳胶漆没有任何的造型与色彩变化，而是起到衬托中式吊灯与现代风布艺沙发的目的。

**参考价格：** 白色乳胶漆在市场中的售价为 290~340 元 / 桶。

**顶面说明：** 白色乳胶漆涂刷在布满石膏雕花线条的顶面，对施工工艺有很高的要求，中间搭配金黄圆盘雕花，使其更容易与满屋的中式家具搭配。

**参考价格：** 乳胶漆涂刷施工价格为 4~6 元 / 平方米。

## 浅橡木饰面板

　　木饰面在混搭风格的吊顶中是常见的，木饰面常选用较深的色调与白色的吊顶形成鲜明的对比。在木饰面的选择中，常会综合考虑家具的色调，使木饰面吊顶可以与家具形成色调上的呼应，达到在空间的统一色调中，有不同风格的家具与材料相互混搭的效果。

**顶面说明：** 木饰面凹陷在吊顶中的设计，可以很好地解决木饰面收边的问题。浅色调的木饰面同时与墙面木饰面柜体形成设计上的呼应。

**参考价格：** 木饰面吊顶的施工及材料价格为 210~245 元 / 平方米。

## 实木梁造型

　　为了在吊顶中体现混搭设计的元素，常会在吊顶中设计实木梁造型。这样设计的巧妙之处在于，实木梁可以很好地弥补吊顶设计元素的不足，而且实木梁可以搭配多种的混搭家具。如中式家具、美式家具及东南亚家具等，都与实木梁在色彩或材质上形成混搭与呼应设计。

**顶面说明：** 实木梁弥补了吊顶大面积单调的白色，使其可以自如地搭配真皮美式沙发与中式餐桌椅，使空间展现沉稳的混搭设计风。

**参考价格：** 实木梁吊顶的施工及材料价格为 340~355 元 / 平方米。

## 尖拱造型

在混搭风格中设计尖拱形吊顶主要考虑两点：其一是层高没有限制，因为尖拱造型常会占去很多的层高空间，以实现尖拱的设计效果；其二是吊顶本身便是尖拱的建筑，一般这种情况多发生在别墅或楼房的顶层空间，这时设计尖拱造型是合适的，并且可以随意地搭配混搭家具。

**顶面说明：**餐厨一体的空间本身便具备尖拱形基础，吊顶设计延续了尖拱的样式，展现高耸的餐厅空间。同时，厨房则设计集成吊顶，形成吊顶的落差与对比美感。

**参考价格：**石膏板设计的尖拱形吊顶施工及材料价格为 155~175 元 / 平方米。

## 叠级造型顶

叠级造型顶在多种设计风格中都有运用，在混搭风格中则更强调叠级的造型要与空间的墙面、家具相互搭配。因为混搭风格中的家具是拥有各种风格的，为了使空间的设计形式更趋于一致，对叠级吊顶的设计要求就比较高，若在叠级吊顶中穿插实木线条等多种材质的设计，则效果更佳。

**顶面说明：**常见的欧式回字形吊顶采用现代的设计手法，更显简练感，搭配美式风的墙面设计，使整体空间更添时尚感。

**参考价格：**石膏板吊顶阳角处的凹槽设计的施工价格为 35~55 元 / 米。

## 墙面篇

### 人造大理石

人造大理石可更符合空间的设计要求，制作出各种纹理以呼应空间设计，在混搭风格的设计中有更灵活的运用，如现代家具搭配具有欧式古典特点的人造大理石纹理，展现空间的时尚感等。人造大理石也可以搭配木线条设计在墙面中，这样便易于搭配中式家具、美式家具等。

**墙面说明：**在美式风格的墙面中设计中式的山水纹理人造大理石，看不出来一点衔接的痕迹，整体设计十分地自然贴切。

**参考价格：**中式山水纹理人造大理石的市场价格为350~420元/平方米。

### 红砖

混搭风格喜欢做旧的墙面材料，其中的红砖是很好的选择。红砖的纹理粗犷且极具雕塑性，可以在红砖表面涂刷墙漆；或利用红砖的交错砌筑设计造型；也可以保留红砖表面的粗糙砖面，在上面悬挂实木的装饰画及柜体等。红砖视觉效果出色，且可以搭配多种风格的家具，具有较高的融洽性。

**墙面说明：**一面是红砖砌筑的墙体，一面是红色的花纹壁纸，两处不同的设计手法与材料结合得恰到好处，使下面的餐桌椅有更大的选择空间。

**参考价格：**红砖墙砌筑的施工及材料价格为95~125元/平方米。

## 浓郁色彩壁纸

混搭风格的壁纸常有以下几种特点：其一是色彩的多样性，即在同一款墙面壁纸中有多种的色彩，形成色彩上混搭；其二是纹理的多样性，在壁纸中不是仅体现出一种花纹，而是几种花纹相互搭配的情况；其三是浓重的色彩，壁纸的色彩一般较深，且对比色强烈，容易与空间内的家具形成呼应。

**墙面说明：** 大红色墙面壁纸没有任何的纹理与造型，却映衬得刚刚好，凸显出墙面的中式条案与现代装饰画。

**参考价格：** 大红色墙面壁纸的市场价格为180~230元/卷。

**墙面说明：** 欧式金色花纹壁纸具有很高的反光效果，粘贴满空间的墙面很有奢华气质，搭配空间里的中式家具，体现出高贵的品位。

**参考价格：** 欧式金色花纹壁纸的市场价格为340~380元/卷。

**墙面说明：** 电视背景墙的米黄壁纸采用暗纹的设计样式，搭配墙面的中式雕花格，使空间充满浓郁的中式味道，但搭配的现代沙发显然使空间更具混搭风格效果。

**参考价格：** 米色暗纹中式壁纸的市场价格为190~220元/卷。

## 尖拱造型

　　混搭风格中墙面的尖拱造型并不像吊顶中的尖拱那样占据空间面积，只是在墙面上设计尖拱的平面造型而已。然而，这种设计样式可以很好地丰富墙面的造型，使墙面看起来具有立体的视觉效果，将平面墙面凸显出来，成为空间的设计主题。

**墙面说明：** 尖拱造型内嵌入深色木饰面板，于墙面中凸显出来，成为空间的设计主题。

**参考价格：** 墙面尖拱造型的人工价格为100~120元/项。

## 波浪纹造型

　　混搭风格中波浪纹造型可以利用石膏板设计、或可以定做波浪板、也可以用布艺设计出来。采用不同材质的波浪纹，其出来的效果也是不尽相同的，其中最为突出的还是布艺波浪纹。这是利用布艺的波浪纹理设计出来的，安装在墙面中，具有温馨感。

**墙面说明：** 电视背景墙的布艺波浪纹材质具有高档的视觉效果，其非对称性设计更具设计美感。

**参考价格：** 波浪纹布艺硬包墙面的人工价格为35~45元/平方米。

## 线条地毯

地面满铺地毯在混搭风格的设计中并不常见，而大多数都是运用在卧室空间。线条地毯在混搭风格中起到变化空间视觉的目的，利用大面积地毯上的线条纹理烘托卧室的变化性，以更好地搭配混搭家具及装饰品。

**地面说明：** 线条地毯在混乱中自成体系地规律排列，使空旷的卧室具备了造型上的变化，减弱了深蓝墙面漆带给人的压抑感。

**参考价格：** 线条地毯的市场价格为 120~135 元 / 平方米。

## 花白大理石

花白大理石有多纹理与少纹理的区别，两种情况均可设计在混搭风格的地面中。多纹理花白大理石适合设计在墙面造型较少的混搭空间；少纹理的花白大理石则恰好相反，一般是墙面造型比较丰富、色彩较浓烈的情况下铺设，以减弱可能带给空间的混乱的视觉效果。

**地面说明：** 白色大理石上的纹理很少，却与黑色餐桌椅形成强烈的色彩对比，提升了空间的张力。

**参考价格：** 花白大理石的市场价格为 198~230 元 / 平方米。

## 亮漆竹木地板

在混搭风格的空间中设计竹木地板，主要是为了体现空间的自然气息，呼应环保的主题设计。竹木地板设计的空间比较好搭配家具及墙面造型，一般竹木地板会涂刷亮面漆，以增添时尚感，也为了保护竹木地板不受到划痕的困扰。

**地面说明：** 窄边的竹木地板铺设在空间内，使空间看起来似大了许多。陈设在上面的现代布艺沙发与实木餐桌椅的色调也保持了与竹木地板相同的颜色。

**参考价格：** 竹木地板的市场价格为 150~190 元 / 平方米。

## 做旧地砖

混搭风格的做旧地砖不会遵循常规的铺贴方式，即采用同样大小的地砖规律地粘贴，而是选择大小变化的做旧地砖，成一定样式地铺贴在地面。其效果出色，且具有古朴质感，再搭配做旧的家具、或现代的装饰画等，可使混搭空间具有时尚的设计质感。

**地面说明：** 大小不一的做旧地砖铺贴在地面，其中穿插着雕花地砖，使地面设计极具变化性，同时弥补了墙面设计单调的问题。

**参考价格：** 做旧地砖的市场价格为 200~230 元 / 平方米。

# 5

# 中式古典风格
## 实木材质的丰富运用

　　中式古典风格是以宫廷建筑为代表的中国古典建筑的室内装饰设计艺术风格。布局设计严格遵循均衡对称原则，家具的选用与摆放是其中最主要的内容。传统家具多选用名贵硬木精制而成，一般分为明式家具和清式家具两大类。中式风格的墙面装饰可简可繁，华丽的木雕制品及书法绘画作品均能展现传统文化的人文内涵，是墙饰的首选；通常使用对称的隔扇或月亮门状的透雕隔断分隔功用空间；地面材料则多以实木地板或带有古朴质感的瓷砖为主。

# 中式古典风格材料速查

## 顶面材料

### 按材质划分

| 红木实木线条 | 磨砂银镜 | 万字格雕花格 | 中式石膏板 | 金色壁纸 |
|---|---|---|---|---|

### 按造型设计划分

| 实木梁雕花 | 圆形吊顶 | 内凹式吊顶 | 实木与乳胶漆结合式吊顶 | 实木灯箱式吊顶 |
|---|---|---|---|---|

## 墙面材料

### 按材质划分

| 红木饰面板 | 中式壁纸 | 中式实木雕花 | 亮白乳胶漆 | 暖色调瓷砖 |
|---|---|---|---|---|

### 按造型设计划分

| 中式壁画 | 云石灯箱造型 | 中式屏风隔断 | 文化石背景墙 | 磨砂字银镜 |

## 地面材料

### 按材质划分

| 素色亚光地砖 | 浅纹理抛光地砖 | 棕红实木地板 | 做旧板岩地砖 | 中式地毯 |

### 按造型设计划分

| 做旧木地板 | 大小砖拼贴 | 无缝大理石拼贴 | 条形砖拼贴 | 中式块毯 |

## 材料运用要点速查表

| | |
|---|---|
| **1 仿雕花格的灵活运用** | 中式古典风格中强调实木材质的运用，体现在具体的材料中是雕花格，更具空间的整体设计。雕花格可随意地设计成各种样式，可以是传统的宫字格，也可以是精美的花纹图案，常设计在墙面中作为空间的视觉主题，也会小面积地设计在吊顶中呼应空间内的家具 |
| **2 实木屏风形成空间的隐形分隔** | 空间里的隔断设计，不同种风格具有其相适应的材质，而中式古典风格则是实木屏风。屏风可以设计成活动的形式，需要时可在空间任意地移动；也可以设计为固定形式，这样的更加牢固，安全性也更高 |
| **3 中式壁纸搭配饰面板** | 在中式古典风格的墙面中只粘贴中式壁纸，效果是不够的，也很难烘托古典的空间氛围。因此，中式壁纸常搭配饰面板共同出现，形成饰面板包裹中式壁纸的形式，营造出木制结构房屋的特点 |
| **4 带有凹凸纹理的实木地板** | 中式古典风格的实木地板选择恰当，会为空间加分不少，这里便涉及到实木地板的纹理样式、色彩等。适合中式古典风格的实木地板应有明显的凹凸纹理，并且在色彩上偏浓厚一些，这样往往可以烘托出古朴的空间质感 |
| **5 实木线条在吊顶的大量运用** | 实木线条通常会保留原木色的纹理，在上面涂刷清漆，使其更具光泽。设计在吊顶中的实木线条可以很好地呼应墙面及家具上的实木材质，更好地体现空间的整体性设计 |

# 顶面篇

## 红木实木线条

中式古典风格中的实木线条上也会雕刻有传统文化的造型，使其更具文化韵味与细节的审美享受；实木线条也可以是简洁形式的，即没有浮雕纹理，而是在实木的自然纹理上做文章，使实木线条迎合现代人的审美品位，同时又保留中式古典的经典原木色。

**顶面说明：** 里外两圈回字形实木线条将整个吊顶围绕起来，增添了吊顶的张力，使其可以更好地搭配客厅内的中式古典家具。

**参考价格：** 无雕花中式实木线条在市场中的售价为 45~55 元 / 米。

## 磨砂银镜

在吊顶中设计银镜是很多家庭的选择，可以起到拓展层高的作用。中式古典风格中的银镜则多选择带有磨砂质感的，表面的磨砂样式是中式的造型图案，使磨砂银镜设计在吊顶中也具有中国古典的韵味。

**顶面说明：** 设计在餐厅上方的磨砂银镜保持了同餐桌一样的长度与方向，使上下设计形成呼应。中式纹理的磨砂效果也增添了餐厅的中式古典韵味。

**参考价格：** 中式磨砂银镜在市场中的售价为 95~110 元 / 平方米。

## 万字格雕花格

　　吊顶中设计的雕花格有各种的造型与大小，基本跟着石膏板吊顶在变化，即石膏板吊顶设计好样式，然后在留有的空隙处安装雕花格，使两者有一种焕然一体的感觉。雕花格可以是圆形的、方形的，或是直线条的、花纹造型的等。

**顶面说明：** 回字形吊顶上设计直线条的雕花格，使空间看起来更具有理性色彩，而隐藏在雕花格内部的暗光灯带则丰富了吊顶的层次变化。

**参考价格：** 直线条的雕花格在市场中定制价格为320~350 元 / 平方米。

**顶面说明：** 围绕着精美的中式吊灯四周设计的圆形中式雕花格，看起来像与吊灯是一体的，提升了吊顶设计的立体效果。

**参考价格：** 圆形的雕花格在市场中定制价格为480~600 元 / 平方米。

**顶面说明：** 嵌入在石膏吊顶内的雕花格，使吊顶形成镂空的效果，里面的橙色暖光烘托出温馨的空间氛围。

**参考价格：** 雕花格的施工安装价格为 100~200 元 / 项。

## 实木灯箱式吊顶

这种类型的吊顶就是在制作的顶面灯箱表面固定一层实木雕花，形成光线从灯箱的内部发出的感觉。灯箱的材质通常情况下会选择透光亚克力，然后搭配深色系的实木雕花格，形成色彩上的对比，突出灯箱内的灯光。

**顶面说明：** 过道采用了实木灯箱式吊顶，其好处在于使狭窄的过道均匀地接受到光线，弥补了筒灯光线照射不足的问题。

**参考价格：** 亚克力灯箱在市场中价格为 420~540 元 / 平方米。

## 圆形吊顶

圆形吊顶在中式古典风格的设计中不是单独存在的，而是会搭配方形吊顶或者地面的方形瓷砖拼花，形成天圆地方的传统文化传承。在圆形吊顶的内侧常粘贴有壁纸，或者是金银箔壁纸，或者是中式壁纸；在圆形吊顶的弧边处会嵌有圆形实木线条，以彰显空间的中式韵味。

**顶面说明：** 客厅上方的圆形吊顶内粘贴有金色壁纸，而其恰好与旁边的方形吊顶形成对比与呼应，体现出中国传统文化的味道。

**参考价格：** 圆形吊顶的施工及材料价格为 155~165 元 / 平方米。

## 实木与乳胶漆结合式吊顶

这类吊顶是中式古典风格中最常见的设计方式，即在吊顶中设计实木梁柱或者其他的实木材质，然后用顶面的白色乳胶漆衬托出来，其视觉效果就像是一处木制吊顶的房屋一样，改变了人们对钢筋混凝土楼房的认识，展现出中式古典风格与自然、环保之间的关系。

**顶面说明：** 在不做石膏板吊顶的情况下，设计了粗壮的实木梁柱，使吊顶活跃了起来，具有粗犷的美感。

**参考价格：** 较粗壮的实木梁柱的市场价格为 800~1500 元 / 米。

**顶面说明：** 雕刻有中式造型的实木柱头，在白色乳胶漆的映衬下更加凸显出来，使入户门厅有足够的设计元素吸引人们驻足。

**参考价格：** 雕刻过的实木柱头的市场价格为 260~340 元 / 个。

**顶面说明：** 通过深浅两种色调、石膏板与实木梁柱的变化与对比，突出吊顶的设计美感，营造出高挑的卧室空间。

**参考价格：** 拱形实木梁柱吊顶的施工价格是 175~235 元 / 平方米

## 墙面篇

### 红木饰面板

可以说，饰面板材质是中式古典风格中运用最频繁、也是最多的一种材料。通常设计在墙面当中的饰面板，有大面积粘贴的形式，有局部做造型的形式，但无论是哪种设计手法，都会将饰面板设计成空间的视觉主题，吸引人们的视线。饰面板的一大优点在于，容易搭配家具及中式工艺品，因为同属于木材质，可使空间更具自然气息。

**墙面说明：**朱红色的饰面板铺贴满客厅的墙面，使空间充满活力但不显得压抑。其关键点在于电视背景墙一块金色壁纸，与朱红色饰面板相互融合。

**参考价格：**朱红色木饰面板在市场中的价格为48~75元/张。

**墙面说明：**墙面满铺的木饰面板在中间有四条横向的缝隙，化解了木饰面板墙面的单调。

**参考价格：**木饰面板抽缝的施工价格为15~20元/米。

**墙面说明：**抽缝木饰面的缝隙处涂刷了黑色油漆，使饰面板墙面的分隔更加明显，比较适合设计在满屋铺贴饰面板的空间。

**参考价格：**木饰面板抽缝刷黑漆的施工及材料价格为25~35元/米。

## 中式壁纸

中式壁纸在市场中有多种的选择，其颜色、纹理也变化众多。在中式古典风格的空间里粘贴中式壁纸是最恰当不过的了，无论是在客餐厅，还是卧室、书房等空间，中式壁纸的粘贴常以搭配饰面板的形式出现，中式壁纸凹陷在饰面板内侧，这样的好处在于可以有效地防止壁纸开裂。

**墙面说明：** 带有凹凸质感的金色壁纸在白色乳胶漆与深棕色衣柜之间形成过渡效果，弱化空间内不和谐色彩的对比。

**参考价格：** 凹凸金色壁纸在市场中的价格为240~280元/卷。

**墙面说明：** 两种中式纹理的壁纸并列粘贴在墙面上，采用了同一种色调与底纹，在丰富整体视觉的情况下，也不显得突兀。

**参考价格：** 带有反光效果的中式壁纸在市场中的价格为300~360元/卷。

**墙面说明：** 浅色调的中式壁纸在空间内起到了良好的陪衬效果，突出了中式古典沙发的雍容华贵。

**参考价格：** 浅色调圆点花纹中式壁纸在市场中的价格为180~255元/卷。

## 中式屏风隔断

中式古典风格中的屏风隔断除了在实木结构上体现中式元素外，常在屏风的画布上绘制山水画、仕女图等传统文化图案，烘托空间内浓郁的中式氛围。中式屏风根据用图的不同，可以做空间的隔断使用，也可以摆放在沙发后面做沙发背景墙。

**墙面说明：** 固定式的雕花格屏风有两种用途，既可作沙发背景墙使用，又是空间的隐形隔断，起到分隔空间的作用。

**参考价格：** 雕花格屏风在市场中的定制价格为550~660元/平方米。

**墙面说明：** 仿门扇式的屏风组合可根据主人的需要，自由地旋转，既阻隔了人们的视线，又起到装饰空间的效果。

**参考价格：** 仿门扇式屏风在市场中的定制价格为600~700元/平方米。

**墙面说明：** 中式沙发组合一侧的成品屏风上雕刻着老子骑牛图，寓意深远，展现出空间主人的高贵品位。

**参考价格：** 成品中式屏风在市场中的价格为3500~5600元/组。

## 地面篇

### 素色亚光地砖

亚光地砖铺设在中式古典的空间内可有效地减少光污染。因为在中式古典的家居设计中，墙面的木饰面板具有一定的光泽，实木家具又都涂刷清漆，空间内的光泽度已经足够，这时地面选择铺设亚光地砖则再适合不过。

**地面说明：** 亚光地砖虽然没有光泽，但其温馨的色彩为客厅空间营造了舒适的氛围。

**参考价格：** 米色亚光地砖在市场中的价格为 160~245 元 / 平方米。

**地面说明：** 偏近于红色的亚光地砖与深红色实木家具相呼应，像渐变色一般从地面向上慢慢地加深到实木沙发组合中。

**参考价格：** 偏红色亚光地砖在市场中的价格为 140~165 元 / 平方米。

## 棕红实木地板

实木地板在中式古典风格中的运用不仅仅局限在卧室中，更多地会设计到客厅当中。因为客厅内摆放的均是实木家具，不需要担心实木地板有划痕的问题，并且实木地板在纹理与色调上更好与中式实木家具更好搭配，使空间展现出整体统一的审美效果。

**地面说明：**实木地板、实木书桌椅及实木书柜均采用了同样的材质与色调，使书房的设计更具整体性。

**参考价格：**高光泽实木地板在市场中的价格为 280~360 元 / 平方米。

**地面说明：**深红色的实木地板将客厅空间沉稳下来，在上面摆放什么色调的实木家具均不会感觉到漂浮的感觉。

**参考价格：**深红色实木地板在市场中的价格为 320~430 元 / 平方米。

**地面说明：**做旧处理的实木地板往往可以带给空间悠久的历史感，这一处空间则完美地展示了中式古典风格对中世纪欧洲国家的影响。

**参考价格：**做旧处理的实木地板在市场中的价格为 350~500 元 / 平方米。

## 大小砖拼贴

在中式古典风格中的大小砖拼贴常会选择做旧处理的瓷砖或者是板岩砖。通常会铺设在过道及客厅空间，而铺设在卧室、书房等空间的情况很少。大小砖拼贴地面的好处在于丰富地面的设计元素，提升造型感，改变千篇一律的地面设计。

**地面说明：** 看似毫无规则的大小砖拼贴，实际存在着严谨的铺贴逻辑，使客厅地面看起来丰富多彩，颇具变化性。

**参考价格：** 组合式大小砖在市场中的价格为 220~260 元 / 平方米。

## 中式地毯

中式地毯的纹理往往设计有传统文化的图案，或者是山水花鸟，或者是简单的中式纹理线条，铺设在空间可带来舒适的触感。中式地毯大面积地铺设在空间内的情况并不多，经常以块毯的形式出现，铺设在沙发组合的下面、床尾的一角等处。

**地面说明：** 铺设在客厅实木沙发下面的绒毛地毯，即使不穿鞋走在上面，也会有舒适、温暖的触感。

**参考价格：** 绒毛块毯在市场中的价格为 650~1200 元 / 块。

# 6

# 新中式风格
## 现代工艺与中式元素的综合

　　新中式风格是作为传统中式家居风格的现代生活理念，通过提取传统家居的精华元素和生活符号进行合理的搭配、布局，在整体的家居设计中既有中式家居的传统韵味，又更多地符合了现代人居住的生活特点。"新中式"风格不是纯粹的元素堆砌，而是通过对传统文化的认识，将现代元素和传统元素结合在一起，如将传统的中式家具及材料经过现代工艺手法加工，既保留了中式的文化内核，又提升了材料及家具的使用舒适度。

# 新中式风格材料速查

## 顶面材料

### 🔍 按材质划分

  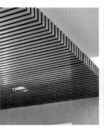  

| 简洁实木线条 | 嵌筒灯石膏板 | 条纹生态木 | 浅棕色木饰面板 | 米黄色壁纸 |

### 🔍 按造型设计划分

| 实木尖拱造型 | 暗光灯带造型 | 异型吊顶 | 斜面吊顶 | 弧边吊顶 |

## 墙面材料

### 🔍 按材质划分

| 室外墙砖 | 山水花鸟壁纸 | 清玻璃 | 素色布艺硬包 | 竹帘 |

### 按造型设计划分

| 实木隔断 | 手绘中式图案 | 现代装饰画 | 凹凸饰面板造型 | 中式柜体造型 |

## 地面材料

### 按材质划分

| 深木色复合地板 | 人造大理石 | 新中式地毯 | 仿古中式地砖 | 无缝抛光地砖 |

### 按造型设计划分

| 凹凸纹理地板 | 竖条纹块毯 | 凹凸纹理地砖 | 马赛克收边线 | 无缝大理石拼接 |

## 材料运用要点速查表

| | |
|---|---|
| **①具有现代设计元素的中式材料及家具** | 新中式风格为了迎合现代人的审美习惯，将传统的中式古典家具及材料在制作工艺上进行革新，保留原有的中式风格精髓，进行简洁化、实用化的处理，使中式材料具有现代风格的简洁美感 |
| **②山水花鸟墙面彩绘** | 新中式风格为了体现出中式风格的新意来，常运用黑白水墨在墙面绘画，样式有山水云雾图、花鸟吟鸣图等传统文化中典型的设计元素。通常，墙面彩绘会设计在沙发背景墙与床头背景墙等处，并不适合做电视背景墙使用，因为手绘墙怕脏、怕被经常触摸 |
| **③形式简洁的雕花格** | 新中式风格的整体设计总是以简约美为中心，使用到的雕花格同样不喜欢复杂的雕花样式，以展现雕花格的线性美为主。像中式古典风格中常见的雕花的表面雕刻细节的中式纹理，在新中式风格中是不会出现的，因为这违反了新中式风格的简约美 |
| **④木地板与地砖的相互搭配** | 新中式风格的地面材料使用丰富，会将木地板与地砖相互穿插搭配设计。如在铺满地砖的客厅，围绕沙发的空间下面铺设木地板，起到代替中式地毯的目的 |
| **⑤带有理性色彩的实木材料** | 这类材料包括造型简洁的木饰面、运用到吊顶与墙面的实木线条、实木边框的装饰画等，其统一的特点是，均以展现线条美为主题，同时配合中式的设计元素 |

## 顶面篇

### 简洁实木线条

新中式风格在顶面中设计的实木线条是没有雕刻复杂花纹的，而是以实木线条的线性纹理为主要特点，色彩上多用深木色，与白乳胶漆顶面形成鲜明的对比，增强顶面的纵深感。实木线条通常设计在石膏板吊顶与墙面衔接的阴角处，既是为了装饰效果，又可以隐藏阴角线不直的情况。

**顶面说明：** 吊顶上的实木线条呈井字格的形式排列，是将现代设计与中式材料元素有机结合的良好设计方式。

**参考价格：** 井字格形状的实木线条在市场中的售价为 55~70 元 / 米。

### 嵌筒灯石膏板

新中式风格吊顶的主体部分均需要纸面石膏板来制作完成，吊顶上面的各种造型也是纸面石膏板切割组合成的。通常，新中式风格吊顶中的纸面石膏板会搭配实木线条共同出现，以传达出吊顶中的新中式设计元素。

**顶面说明：** 射灯嵌入在纸面石膏板内，无主灯的设计使卧室的吊顶表现出简洁性，来衬托新中式四柱床及床头背景墙。

**参考价格：** 嵌入纸面石膏板内的射灯的市场价格为 65~90 元 / 个。

## 条纹生态木

条纹生态木属于一种新型的、可定制的材料，用来设计新中式风格的吊顶是再适合不过的了。根据空间的整体设计，生态木可定制相应的造型，这是其他种类材料所不具备的特点；其次，生态木的多样纹理也可丰富顶面的变化，使空间更具新中式的设计特色。

**顶面说明：** 规律排列的生态木吊顶与顶面形成错层，使其更好地凸显出来，成为顶面中的设计亮点。

**参考价格：** 竖条造型生态木的市场定制价格为175~210元/平方米。

## 暗光灯带造型

新中式风格的吊顶常设计暗光灯带，有回字形的、直线型的、叠级型的，其主要目的是渲染吊顶的层次变化，提升空间的光影变化。设计新中式风格的暗光灯带时应注意，层高较低的空间，暗光灯槽距顶面也应短一些，这样可以减少空间内的压抑感。

**顶面说明：** 直线型的暗光灯带为书房提供了辅助光源，可起到保护视力健康的作用。

**参考价格：** 白色暗光灯带的市场价格为10~20元/米。

## 墙面篇

### 素色布艺硬包

　　硬包设计在新中式风格的墙面中，其材质通常会选择不带任何纹理样式的布艺，很少选择皮革等材质。这样可以很好地呼应新中式风格的设计主题，呼应布艺沙发等家具，展现空间的舒适感、触摸感与温馨的空间色调。

**墙面说明：** 布艺硬包的色调虽然与新中式布艺沙发有差别，但同属于同一种类的色调，保持空间内统一的色彩。

**参考价格：** 井字格形状的实木线条在市场中的售价为 55~70 元 / 米。

### 清玻璃

　　清玻璃带有现代风格的设计特点，设计在新中式的空间中则比较注意搭配清玻璃的实木线条。即用实木线条将清玻璃包裹起来，形成统一的墙面造型，既体现了中式的设计元素，又有现代化的材料运用，是一种比较好的墙面设计方案。

**墙面说明：** 墙面的清玻璃映衬在深棕色的实木雕花格内，像一扇可以自由移动的门扇。

**参考价格：** 清玻璃在市场中的售价为 60~80 元 / 平方米。

## 中式柜体造型

　　新中式风格与中式古典风格的一大不同点是，新中式在设计中更强调设计的实用性。在墙面中设计中式柜体就是这种实用性的具体表现，柜体内可以摆放书籍、工艺品、装饰画等，而中式柜体的结构与木饰面纹理又成为空间的墙面装饰。

**墙面说明：**书房墙面的书柜有两个作用，可以摆放书籍的同时储藏物品，这主要得益于可移动的两扇新中式推拉门。

**参考价格：**新中式推拉门的市场定制价格为350~510元/平方米。

**墙面说明：**水酒柜在保持实用性的同时，在表面设计了传统的中式图案，使水酒柜具有一定的装饰效果。

**参考价格：**中式水酒柜的市场定制价格为750~890元/平方米。

**墙面说明：**一处专门摆放佛像的空间里，墙面的柜体颇具新中式的设计韵味，搭配钢化玻璃的设计，使其更具有现代特色。

**参考价格：**搭配钢化玻璃的柜体市场定制价格为680~780元/平方米。

## 地面篇

### 深木色复合地板

超强的耐划性使实木复合地板适合设计在新中式风格的客餐厅中，不用担心在复合地板上移动桌椅或其他物品时留下划痕。实木复合地板的纹理样式广泛，可以仿制所有的实木纹理，也可以仿制布艺等新兴的地板纹理，为新中式空间提供丰富的变化。

**地面说明：** 复合地板具有舒适的色调，提升了整体空间内的舒适感，也使得摆放在上面的沙发更容易搭配。

**参考价格：** 枫木纹理复合地板的市场价格为 110~135 元 / 平方米。

**地面说明：** 书房无论是墙顶面还是装饰材料都偏近白色，这时选择米色调实木复合地板则可以综合空间的色彩，丰富书房里的视觉。

**参考价格：** 枫木纹理复合地板的市场价格为 110~135 元 / 平方米。

## 新中式地毯

　　新中式地毯是在地毯中既设计中式的元素，又表现出现代的简洁性；或者是地毯的色彩偏近于中式的设计传统，体现出沉稳的特点。在卧室中，会选择将新中式地毯大面积铺设，使卧室保有舒适的触感；在客厅等空间则会铺设块毯，来丰富地面的材质变化。

**地面说明：**条纹块毯有现代设计特点，但铺设在新中式的卧室却恰到好处，使空间洋溢出简洁的理性美。

**参考价格：**条纹块毯的市场价格为240~360元/平方米。

**地面说明：**卧室地面整体偏暗，在床尾铺设一块暗暖色调的地毯可减少大面积黑色带给卧室的压抑感。

**参考价格：**方块造型地毯的市场价格为210~275元/平方米。

# 7

# 欧式古典风格

## 极尽奢华的丰富材料

　　欧洲古典风格是以柱式、拱券、山花、雕塑为主要构件材料的石构造装饰风格。空间上追求连续性，追求形体的变化和层次感。室内外色彩鲜艳，光影变化丰富。室内多用带有图案的壁纸、地毯、窗帘、床罩及帐幔以及古典式装饰画或物件。为体现华丽的风格，家具、门、窗多漆成白色，家具、画框的线条部位饰以金线、金边。

# 欧式古典风格材料速查

## 顶面材料

### 按材质划分

| 镶线条石膏板 | 欧式石膏线 | 深棕色实木材料 | 茶镜 | 欧式古典彩绘 |

### 按造型设计划分

| 弧形造型顶 | 拱形顶 | 内凹式吊顶 | 藻井式吊顶 | 叠级吊顶 |

## 墙面材料

### 按材质划分

  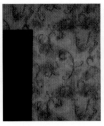  

| 欧式古典软包 | 红柚木饰面板 | 欧式花纹壁纸 | 网纹大理石 | 欧式线条 |

### 按造型设计划分

| 欧式罗马柱 | 弧拱造型 | 壁炉造型 | 弧形门拱 | 尖拱造型 |
|---|---|---|---|---|

## 地面材料

### 按材质划分

| 欧式花边地毯 | 实木地板 | 网纹抛光砖 | 嵌花仿古砖 | 米色调洞石 |
|---|---|---|---|---|

### 按造型设计划分

| 拼花地面 | 大理石收边线 | 地砖斜铺 | 大理石拼花 | 满铺地毯造型 |
|---|---|---|---|---|

## 材料运用要点速查表

| | |
|---|---|
| **1 金属壁纸的墙顶面运用** | 欧式古典风格从欧洲中世纪一路传承过来，非常注重空间的奢华与尊贵，体现出空间主人的高贵身份。因此，金属壁纸得到大量的运用，粘贴在吊顶里或者是墙面当中，展现出金碧辉煌的设计感 |
| **2 大理石的精雕细琢** | 大理石在欧式古典风格中的设计不像其他种类风格那样简单，满墙铺设并不做过多造型。欧式古典风格的大理石都是设计成大理石收边线的，搭配大理石共同设计在墙面中，体现欧式古典风格对精湛施工工艺的重视与空间丰富的细节设计 |
| **3 可塑造拱形的材料** | 在吊顶中使用纸面石膏板、九厘板等可弯曲折叠的板材，设计成带有一定弧度的拱形吊顶；在墙面中使用细木工板、石膏板等板材，可根据设计方案的需要，切割成尖拱、弧拱等造型，营造欧式古典风格的设计内容 |
| **4 地面拼花瓷砖、大理石** | 欧式古典风格的设计中，地面都是会设计拼花的。拼花根据材料的不同，形式也有许多，常见的是瓷砖拼花，这类材料造价不高，效果也很不错；若是采用大理石拼花设计，则更显高档一些，拼花样式的选择也更多 |
| **5 带有欧式元素的布艺织物** | 这类材料包括欧式地毯、窗帘、布艺软包等，在布艺织物的表面会编织有欧式的设计元素。像欧式地毯，常会在四周制作花穗，以增添地毯的设计感 |

## 顶面篇

### 欧式石膏线

　　欧式石膏线的雕刻纹理颇多，有多种的选择。设计在欧式古典风格中的石膏线常带有极复杂的雕刻纹理，细节工艺精湛，这类石膏线已不仅是空间内的一种衬托材料了，而是会更多地吸引人们的目光。石膏线也不局限于白色，可以在上面涂刷金漆、银漆等，增添空间的奢华感。

**顶面说明：** 平贴在吊顶上面的石膏线四角配有精致的角花，使原本略显单调的吊顶丰富起来。

**参考价格：** 石膏线角花在市场中的售价为 35~55 元 / 个。

**顶面说明：** 吊顶在选择了简洁的欧式石膏线后，最好搭配欧式味道浓厚的窗帘来弥补空间的欧式古典氛围。

**参考价格：** 简洁的欧式石膏线的市场价格为 20~25 元 / 米。

**顶面说明：** 吊顶之所以看起来特别有厚重感与美感，是因为欧式石膏线的层叠运用。在吊顶设计中，不同种类的石膏线共用了四种之多。

**参考价格：** 定制搭配类型的欧式石膏线组合在市场中的价格为 65~90 元 / 米。

## ▦ 藻井式吊顶 ▦

　　藻井式吊顶是欧式古典风格中的典型吊顶设计，即顶面上设计一个个规律整齐的井字形吊顶，然后在吊顶的内部镶嵌欧式石膏线。当然，藻井式吊顶并不局限于石膏板设计出的造型，也可用实木材料，如木饰面板等。这样设计出来的藻井式吊顶更具厚重感，也更易体现出空间主人的高贵品位。

**顶面说明：** 在藻井式的吊顶中，用到了石膏板、实木线条以及茶镜三种材料，搭配出来的效果是颇具美感的，茶镜与实木线条的颜色完美地融合在了一起。

**参考价格：** 茶镜的市场价格为 90~100 元 / 平方米。

**顶面说明：** 层层叠叠的石膏线丰富了藻井式吊顶的变化，并与墙面的门套线形成了设计上的呼应。

**参考价格：** 藻井式吊顶的施工及材料价格为 175~185 元 / 平方米。

**顶面说明：** 看起来像红木制作的藻井式吊顶，实际是利用木饰面板设计而成的，其中成功的关键在于实木线条在阴阳角处的设计，使其看来更具立体感。

**参考价格：** 木饰面板制作的藻井式吊顶的施工及材料价格为 260~285 元 / 平方米。

## 拱形顶

带有圆融拱形的吊顶可以说是欧式古典风格所独有的，其拱形的弧度通常很大，使人们观赏起来更易体会到设计的美感。设计拱形顶对房屋是有要求的，层高首先要满足，拱形吊顶会占去很多的楼层高度；其次是有狭长的空间，如过道等空间里设计拱形顶是最恰当的，设计出来的效果就像游历在一处古罗马的建筑里一样的具有美感。

**顶面说明：** 拱形顶设计在过道里，与两侧的拱形垭口形成设计上的呼应，展现出空间的整体美。

**参考价格：** 带有圆润弧度的拱形顶的施工及材料价格为240~255元／平方米。

**顶面说明：** 拱形顶的两侧设计有暗光灯带，可使灯带的光源充分地向上发散，照亮整个拱形顶。

**参考价格：** 高低错落的拱形顶的施工及材料价格为245~260元／平方米。

## 欧式古典彩绘

欧式古典吊顶中的彩绘图案通常取材于文艺复兴时期，即善于表现优美的人体及大自然。当然，在欧式吊顶的彩绘中，也会体现基督教的绘画。这些都是根据具体的设计方案而确定的。欧式彩绘的立体感很强，并且有多重的色彩变化，令吊顶上充满丰富的设计变化。

**顶面说明：** 欧式吊顶的四角处均绘有文艺复兴时期的彩绘，使吊顶从单调的白色中跳脱出来，带给人丰富的视觉享受。

**参考价格：** 欧式彩绘吊顶的施工及材料价格为530~600元／平方米。

## 墙面篇

### 欧式古典软包

欧式古典风格中的软包材质通常会选择皮革，布艺则相对少一些。在墙面设计中，软包设计成菱形，规律地排列。在软包的四边会包有刷金漆的实木线条，使软包设计更具有审美感。墙面软包可以设计在多个空间，如客厅的电视背景墙、沙发背景墙、餐厅的主题墙、卧室的床头背景墙等。

**墙面说明：** 金色纹理的菱形软包用刷金漆的实木线条包裹起来，与欧式的沙发组合完美地融合在一起。

**参考价格：** 金色纹理菱形软包的施工及材料价格为 350~430 元 / 平方米。

**墙面说明：** 铆钉式的软包墙面具有悠久的设计历史，作为床头背景墙设计是再合适不过的。

**参考价格：** 铆钉式软包的施工及材料价格为 650~720 元 / 平方米。

**墙面说明：** 长方形的绒布软包具有极舒适的触摸感，其色调与床品的色调在一个色度上，使卧室更具整体性。

**参考价格：** 绒布软包的施工及材料价格为 200~280 元 / 平方米。

## 壁炉造型

在欧式家居漫长的历史中，壁炉是家家必备的实用性家具。现代为了更好地体现欧式古典风格，会在客厅等处设计壁炉，通常是起到装饰作用的，不具备实用功能。这在一定程度上解放了壁炉的设计样式与材质，大理石、实木材质、砖体结构等多种类型的壁炉应运而生。

**墙面说明：** 别墅里设计的欧式壁炉是可以实际使用的，这从壁炉内粘贴的欧式仿古砖就可以看出来。

**参考价格：** 实木材质壁炉的市场价格为 2600~3700 元 / 个。

**墙面说明：** 大理石壁炉内镶嵌着可以电加热的壁炉，既体现了壁炉的实用性一面，又为空间提供了丰富的装饰效果。

**参考价格：** 大理石壁炉的市场价格为 3500~4000 元 / 个。

## 红柚木饰面板

木饰面在欧式古典风格中的设计不是单独存在的，其需要搭配实木线条，即在设计好的墙面木饰面的边角处粘贴有实木线条。这其中需要注意的是，实木线条的纹理与颜色一定要与木饰面的一致，不然设计出来的效果很差。

**墙面说明：**床头的背景墙面铺满木饰面，然后在木饰面的上面设计实木线条及欧式罗马柱，给人的视觉感受就像走进一处木制的欧式古建筑。

**参考价格：**红木纹理木饰面的市场价格为 65~95 元 / 平方米。

## 实木线条

实木线条在欧式古典风格的墙面中通常会设计得很宽、很大，而不是细细的一长条。墙面的造型设计以实木线条为边框，在里面做文章，或设计成彩绘，或者采用大理石等高档材料。实木线条起到的作用是收边线，当然，其主要目的还是提供精美的装饰效果。

**墙面说明：**弧形的实木线条下是彩绘的墙面，从远处看，像在木饰面上用黑笔做的绘画，效果十分高档。

**参考价格：**带有弧度的实木线条的市场定制价格为 165~180 元 / 米。

## 地面篇

### 拼花地面

欧式古典风格的地面拼花可以用多种材料来实现，最常使用的是瓷砖，即用几种不同纹理样式的瓷砖拼接而成；木地板拼花地面则常搭配瓷砖出现，会在客厅的沙发组合下面设计木地板拼花；大理石拼花是其中最具档次的拼花，可选择的样式也非常多，比较适合有高档次追究的人群。

**地面说明：** 地面全部采用大理石拼花设计。虽然大理石的色调间有较大差别，但显然设计师很善于利用对比色设计出精美的大理石拼花。

**参考价格：** 大理石菱形拼花的市场价格为550~670元/平方米。

**地面说明：** 拼花瓷砖之间穿插有小块的雕花瓷砖，带给空间一丝复古气息，增添了地面设计的变化性。

**参考价格：** 边角刷银漆瓷砖的市场价格为280~350元/平方米。

**地面说明：** V字形实木地板拼花在卧室中的设计是成功的，使偏近于浅色调的卧室沉稳下来。

**参考价格：** V字形实木地板拼花的市场价格为450~530元/平方米。

## 欧式花边地毯

　　欧式地毯的色彩比较鲜艳，选择性也比较多，其不仅可以铺设在地面中，还可以悬挂在墙面做装饰品。通常，客厅用到的欧式地毯是块状的，铺设在沙发组合的下面；而卧室里的欧式地毯则是满屋铺设，这样会提升脚踏的柔软度，增加舒适感。

**地面说明：**卧室采用菱形条纹地毯铺设，收边则用实木地板。整体的视觉效果非常好，地毯与卧室内的造型完全融合在了一起。

**参考价格：**大理石菱形拼花的市场价格为 550~670 元 / 平方米。

## 实木地板

　　为了体现欧式古典风格的厚重感，实木地板通常会选择较深的颜色，包括地板的纹理也会更加丰富。实木地板铺设在欧式客厅的情况比较少，多铺设在卧室、书房等空间，主要是因为欧式古典家具的金属材质比较多，容易在实木地板上留下划痕。

**地面说明：**卧室里从床具到衣柜等家具均使用较重的颜色，这时，实木地板同样搭配较重的颜色显然是比较合适的。

**参考价格：**橡木实木地板的市场价格为 320~380 元 / 平方米。

# 8

# 新欧式风格
## 偏重实用性的欧式材料

　　新欧式风格在保持现代气息的基础上，变换各种形态，选择适宜的材料，再配以适宜的颜色，极力让厚重的欧式家居体现一种别样奢华的"简约风格"。在新欧式风格中不再追求表面的奢华和美感，而是更多地解决人们生活的实际问题。在色彩上多选用浅色调，以区分古典欧式因浓郁的色彩而带来的庄重感；而线条简化的复古家具也是用以区分古典欧式风格的最佳元素。

# 新欧式风格材料速查

## 顶面材料

### 按材质划分

| 切边黑镜 | 弧形石膏线 | 简欧雕花格 | 金银箔 | 简洁纸面石膏板 |

### 按造型设计划分

| 车边镜造型 | 简洁藻井式吊顶 | 雕花造型顶 | 暗光灯带造型顶 | 菱形吊顶 |

## 墙面材料

### 按材质划分

| 大块银镜 | 欧式元素马赛克 | 简欧纹理壁纸 | 柚木饰面板 | 宽边欧式线条 |

### 按造型设计划分

| 方形镜面造型 | 内凹大理石造型 | 简约壁炉 | 石膏板造型搭配收边线 | 菱形拼接硬包 |

## 地面材料

### 按材质划分

| 浅纹理抛光砖 | 仿柚木复合地板 | 羊毛地毯 | 清晰纹理洞石 | 高光亮面大理石 |

### 按造型设计划分

| 拼花地砖 | 错层地面设计 | 豹纹造型地毯 | 斜铺大理石 | 地砖收边线 |

## 材料运用要点速查表

| | |
|---|---|
| **① 现代工艺材料的欧式吊顶** | 新欧式吊顶的设计样式依然以欧式吊顶为主，但用的材料则是简洁、现代的。如传统的藻井式吊顶需要大量的石膏线进行装饰，而新欧式改变了这一传统，采用简洁的现代线条来装饰藻井式吊顶，赋予其贴近现代的特色 |
| **② 简洁的线条营造欧式墙面** | 欧式风格的墙面造型是有一定的规律的可遵循的，新欧式风格在遵循这种规律的基础上，改变了墙面中构建造型的实木线条，简化实木线条的雕刻纹理与造型，使其看起来就像一条简单的直线一样 |
| **③ 很少设计拼花造型的瓷砖** | 新欧式风格始终强调的是的实用性，即抛弃欧式古典风格中的那些工艺繁杂、效果奢华的设计，而回归质朴，以简洁来表达新欧式的设计美感。因此，地面中铺贴的瓷砖很少设计拼花图案，将主要的设计点集中在瓷砖的纹理选择、与空间的和谐搭配上面 |
| **④ 镜面材质的大量运用** | 新欧式在材料使用上为了和欧式古典风格区别开，更多地在空间中使用镜面材质，包括银镜、茶镜、黑镜等多种材质；在镜面材质的造型上，有设计有车边镜、菱形镜等，以丰富新欧式的空间设计 |
| **⑤ 瓷砖上墙设计** | 在墙面设计中，会运用到马赛克、仿洞石瓷砖等材料，设计出不同的墙面造型。这一设计可以说是融合了现代与古典。欧式古典在墙面中多设计大理石，而现代风格则采用瓷砖，新欧式恰好是利用现代风格的材料设计欧式古典的墙面造型 |

## 顶面篇

### 切边黑镜

在新欧式风格的吊顶中设计黑镜，是为了和顶面的白乳胶漆形成对比色，展现顶面设计的张力。在吊顶设计中的黑镜不是孤立存在的，会搭配石膏板造型，然后将黑镜镶嵌进石膏板造型内，同时在会黑镜的四边设计石膏线，以形成立体的视觉效果。

**顶面说明：**将黑镜设计成顶面的收边线，与石膏线相互结合，是设计上的突破，既体现了吊顶的现代性，又是对欧式古典设计的传承。

**参考价格：**黑镜收边线的施工及材料价格为 75~90 元 / 米。

### 金银箔

设计在新欧式风格吊顶中的金银箔通常是粘贴在吊顶的内凹部分，形成强烈的立体效果。在灯光的照射下，金银箔会呈现出精美的光泽。一般情况下，金箔使用的相对较少，银箔使用的比较多，这主要是因为新欧式风格反对奢华的空间设计。

**顶面说明：**银箔无论从纹理上还是色调上，都有精美的视觉效果，反射在上面的欧式吊灯灯光也为空间提供了更多的亮度。

**参考价格：**银箔壁纸的市场价格为 185~220 元 / 卷。

## 简欧雕花格

雕花格的图案一般以简洁、单一的造型为主，并不提倡繁复的雕花格设计。在新欧式的设计中，雕花格会采取欧式古典的形状图案，然后进行现代工艺手法的设计，使其看起来既有欧式古典的韵味，又能满足现代人的审美需要。

**顶面说明：**平贴在吊顶中的欧式雕花图案，呼应了家具等布艺上的欧式纹理，使客厅具有统一的视觉效果。

**参考价格：**简洁欧式花纹雕花格的市场定制价格为 450~480 元 / 平方米。

**顶面说明：**更加细密的雕花格吊顶上涂刷有银灰色漆面，丰富了吊顶中的色彩变化，使其与客厅的设计搭配更加协调。

**参考价格：**细密欧式花纹雕花格的市场定制价格为 480~520 元 / 平方米。

**顶面说明：**吊顶中间凸出的方块造型上铺贴满雕花格，使其与其他部分的吊顶明显区别开来，成为空间设计的视觉亮点。

**参考价格：**雕花格安装在吊顶中的价格为 35~40 元 / 平方米。

## 暗光灯带造型顶

　　新欧式吊顶中的暗光灯带设计通常以暖光源为主，烘托空间温馨的居室氛围。在实际的吊顶设计中，暗光灯带的部分常设计有欧式石膏线，但不是欧式古典中常有的、雕刻极其繁复的石膏线，而是线性的石膏线，暗光灯带即隐藏在石膏线的后面，为空间提供辅助光源。

**顶面说明：**卫生间内的暗光灯带设计，丰富了空间里的层次变化，并提供了温馨的空间感。

**参考价格：**卫生间防水石膏板吊顶的施工及材料价格为 155~175 元 / 平方米。

**顶面说明：**暗光灯带设计在两处吊顶内凹的衔接处，可以更好地烘托客厅中心的吊顶，使其在空间中凸显出来。

**参考价格：**LED 灯带的市场价格为 20~35 元 / 米。

**顶面说明：**客厅的吊顶设计非常具有美感，是现代与欧式古典的完美结合，其中，发暖光的暗光灯带为吊顶设计增色不少。

**参考价格：**暗光灯带的施工安装价格为 5~10 元 / 米。

## 墙面篇

### 大块银镜

一般设计新欧式风格的户型普遍较小，即客厅摆放下沙发、茶几等家具后，便没有太多的流动空间。为解决这一问题，墙面中设计银镜的情况慢慢增多，到后来出现各种造型的银镜，其主要目的是为了拓展视觉空间，起到装饰空间的作用。

**墙面说明：**大理石收边线装饰的墙面银镜，呈一块块的方形规律地排列，将整个客厅映衬在银镜里，无形中拓展了客厅的视觉空间。

**参考价格：**大理石收边线的定做价格为 125~145 元/米。

**墙面说明：**同样的方块造型银镜，收边线用的是实木线条，上面涂刷的白漆恰好与白乳胶漆吊顶形成色彩上的呼应。

**参考价格：**方块造型银镜的市场定制价格为 145~155 元/平方米。

**墙面说明：**银镜从墙面一直设计到吊顶，使原本狭长的空间得到了拓展，层高也似增高了不少。

**参考价格：**银镜车边处理的施工价格为 8~10 元/米。

## 菱形拼接硬包

新欧式中的菱形拼接硬包设计不局限于布艺材料，很多时候也会用到皮革等材料。在墙面设计中，菱形硬包会搭配实木线条共同出现，即实木线条包裹出一个造型，在其中拼接菱形硬包。设计出来的效果是很理想的，也足以成为墙面中的设计亮点。

**墙面说明：** 床头背景采用皮革硬包设计可使空间看起来更加柔和，而墙面两侧的欧式造型同样出彩，与皮革硬包共同组合成床头背景墙设计。

**参考价格：** 浅色纹理皮革硬包的市场价格为 340~420 元 / 平方米。

## 简约壁炉

壁炉经过现代化的设计，更加适合新欧式风格。在壁炉设计中，舍去了只有在欧式古典风格中才具有的繁复雕花造型及昂贵的大理石材质，而选择贴合普通消费群体、造型简练的设计。视觉效果上具有简约的美感。

**墙面说明：** 壁炉的设计非常简单，就像整体空间的设计一样，其更想体现的是壁炉的实用性。

**参考价格：** 白色大理石壁炉的市场价格为 3300~4200 元 / 个。

## 简欧纹理壁纸

壁纸的样式是遵循欧式古典的元素来设计的，但新欧式的壁纸则没有那种偏近奢华、繁复花纹的样式，整体色调上偏近中性色或黑白对比色。这样的壁纸粘贴在新欧式风格的墙面中，很容易搭配家具及装饰画，即使是现代的装饰画挂在壁纸上，也会呈现出新欧式的设计感。

**墙面说明：** 菱形规律排列的新欧式壁纸具有温暖的色调，搭配墙面的白漆墙裙设计，显得客厅非常地有格调。

**参考价格：** 菱形纹理壁纸的市场价格为 85~135 元 / 卷。

**墙面说明：** 卧室除去墙面螺纹形的新欧式壁纸外，没有设计其他的造型，但空间内的欧式氛围依然浓郁，这主要得益于壁纸的正确选择。

**参考价格：** 螺纹形壁纸的市场价格为 95~150 元 / 卷。

**墙面说明：** 有时在新欧式的客厅设计中，粘贴偏近现代风格的壁纸效果更佳，往往能带给空间更多的时尚感。

**参考价格：** 百合花纹理壁纸的市场价格为 85~145 元 / 卷。

## 地面篇

### 浅纹理抛光砖

设计在新欧式风格中的抛光砖一般没有过多的纹理。相比较抛光砖的纹理,更重要的是抛光砖的色彩,其颜色需要柔和,给人以舒适感。并且抛光砖的颜色不建议太深,过深的色彩会破坏新欧式设计营造的温馨、舒适的空间环境。

**地面说明:** 地砖的颜色看起来非常舒适,并且光泽度很高,间接地为客厅提供了更多的自然光线。

**参考价格:** 微晶石地砖的市场价格为300~450 元 / 块。

### 拼花地砖

新欧式风格的地砖拼花不会太复杂,基本是几种常见的样式,如两种不同颜色地砖的菱形粘贴,在房屋四周设计收边线,或者是围绕着沙发设计拼花地砖以代替地毯等。而像欧式古典风格中带有弧形的、瓷砖内印有花纹的地砖是不会采用的,这违背了新欧式风格简约的特点。

**地面说明:** 菱形粘贴的地砖通过两种不同的颜色凸显出来,成为客厅地面设计中的亮点。

**参考价格:** 菱形地砖拼花的施工价格为50~65 元 / 平方米。

## 仿柚木复合地板

　　新欧式风格地面之所以会选择复合地板而不选择实木地板的原因，不仅是看重复合地板的耐磨性，还因为复合地板拥有更高的性价比。这对于多数的中产家庭来说，是很重要的一件事。复合地板的样式可选择性是很广的，因此可以满足不同需要的业主。

**地面说明：** 深色的复合地板与客厅的整体色调搭配得十分自然，并且在沙发下面铺设了地毯，更不需要担心复合地板的刮划问题了。

**参考价格：** 仿红木复合地板的市场价格为 265~280 元 / 平方米。

**地面说明：** 复合地板的颜色正好与茶几的实木颜色形成呼应，使得客厅设计在色调上更加融合。

**参考价格：** 仿红柚木复合地板的市场价格为 220~255 元 / 平方米。

**地面说明：** 拼花样式的木地板增添了卧室设计的趣味性，使得卧室具有更丰富的设计效果。

**参考价格：** 拼花复合地板的市场价格为 340~385 元 / 平方米。

# 9

# 法式风格

## 具有浪漫色彩的材料

　　法式风格比较注重营造空间的流畅感和系列化，很注重色彩和元素的搭配。古董、蓝色、黄色、植物以及自然饰品是法式风格的装饰，而条纹布艺、花边则是最能体现法式风格的细节材料。法式风格家具的尺寸一般来讲也比较纤巧，而且家具非常讲究曲线和弧度，极其注重脚部、纹饰等细节的精致设计。材料则以樱桃木和榆木居多，很多材料还会采用手绘装饰和洗白处理，尽显艺术感和怀旧情调。

# 法式风格材料速查

## 顶面材料

### 🔍 按材质划分

| 复古实木材质 | 亮面乳胶漆 | 法式石膏线 | 平整纸面石膏板 | 宽边银镜 |

### 🔍 按造型设计划分

  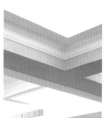  

| 井字形吊顶 | 弧形石膏线吊顶 | 叠级吊顶 | 实木梁柱造型 | 多边形吊顶 |

## 墙面材料

### 🔍 按材质划分

| 法式花纹壁纸 | 纯色乳胶漆 | 枫木木饰面 | 铆钉软包 | 布艺 |

## 按造型设计划分

| 大花纹瓷砖造型 | 石膏板造型 | 红砖墙造型 | 法式布艺帘造型 | 法式窗造型 |
|---|---|---|---|---|

# 地面材料

## 按材质划分

   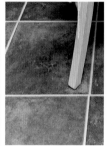 

| 法式地毯 | 自然纹理亚光砖 | 十字星仿古砖 | 原色仿古砖 | 枫木实木地板 |
|---|---|---|---|---|

## 按造型设计划分

| 地砖斜铺 | 大小砖拼花 | 弧形拼接地毯 | 无缝木地板拼接 | 满铺地毯造型 |
|---|---|---|---|---|

## 材料运用要点速查表

| | |
|---|---|
| **1 铁艺材料的使用** | 法式风格中的铁艺材料更多地是设计在家具中，如铁艺床、铁艺沙发、铁艺餐桌等，以及墙面的挂钟、装饰画等，有时也会设计在墙面的造型中，用铁艺材料与实木板材等相互结合 |
| **2 仿古砖的合理搭配** | 法式风格很适合选择仿古砖等材料，但对仿古砖的设计样式有要求。仿古砖不可设计得过于古朴、粗犷，而是要追求砖的精致，如将仿古砖进行高光泽度的处理等，使其更适合铺设在法式风格的空间内 |
| **3 布艺织物的广泛设计** | 布艺织物可以带给空间舒适的视觉感，并且拥有良好的触感，这是法式风格所需要的。为了体现出法式风格的浪漫情调，就需要在布艺织物上做功夫，如带有高贵紫色花纹的窗帘、地毯等 |
| **4 实木材料的真实质感** | 设计法式风格，用饰面板等材料是很难表现出实木的真实质感的，当然一些质量上乘的木饰面板除外。然而，法式风格的质感需要实木来表达，因此会在吊顶中设计实木梁柱、墙面中设计实木造型，来营造空间的设计感 |
| **5 带有轻快、浪漫色调的材料** | 这一类材料包括纯色乳胶漆、高贵紫花纹的壁纸、浅色纹理的地砖等，在法式风格的空间内设计这类的材料是不会错的，往往会收获比较好的视觉效果 |

## 顶面篇

### 复古实木材质

设计在吊顶中的实木材质，主要以实木梁柱为主。法式风格为了体现出空间的自然气息与历史感，会采用实木梁造型顶，并且这样设计后也比较好搭配家具，不论是实木家具还是铁艺家具都很合适。

**顶面说明：**顶面的三根实木梁柱经过做旧处理后，更显得有设计感，与客厅内的整体设计也比较搭配。

**参考价格：**方形的实木梁柱的市场定制价格为850~1300 元 / 米。

**顶面说明：**实木梁柱的吊顶上另外设计有木饰面板，将设计的重点集中在客厅的上方，成为空间内的设计亮点。

**参考价格：**实木梁柱的安装价格为85~110 元 / 米。

## 井字形吊顶

　　法式风格中的井字形吊顶继承了欧式古典设计中的藻井式吊顶，在其设计传统上做了创新，即在设计藻井式吊顶的同时，会设计回字形吊顶，将藻井式吊顶包裹在里面，形成错落的叠级效果，其装修出来的效果往往能成为空间里的亮点。

**顶面说明：** 井字形吊顶采用了简洁的石膏线收边，在下面的回字形吊顶上更是没有设计石膏线，使吊顶增添了几分创新感。

**参考价格：** 井字形吊顶的施工及材料价格为175~195元/平方米。

## 弧形石膏线吊顶

　　设计弧形石膏线吊顶有几种情况：一是石膏板吊顶的样式带有弧度，需要定制符合标准的弧形石膏线；二是建筑的墙体本身带有弧度，这时在吊顶中设计石膏线，就必须要随着弧形墙体定制符合弧度的石膏线，使吊顶与墙面能完美地结合。

**顶面说明：** 沿着半弧形的厨房墙体，吊顶的石膏线以同样的弧度环绕一圈，与中间的圆盘石膏雕花形成呼应。

**参考价格：** 井字形吊顶的施工及材料价格为175~195元/平方米。

## 平整纸面石膏板

用石膏板设计法式风格的造型是再合适不过的，且可以随着设计师的设计方案，制作出各种各样的造型，可以是圆的、椭圆的、长方形的、正方形的等。但法式风格的吊顶不提倡过于繁复的造型，因此石膏板通常设计成简单的叠级或暗光源来衬托空间。

**顶面说明：** 看似简单的石膏板吊顶实际上设计了叠级，中间的位置是内凹的造型，暗光源则起到烘托吊顶设计美感的作用。

**参考价格：** 刷银漆的石膏线的市场价格为 35~50 元 / 米。

**顶面说明：** 顶梁处粘贴的壁纸将两块区域的石膏板吊顶区别开来，形成客厅与过道两处不同空间的隐形分隔。

**参考价格：** 吊顶横梁粘贴壁纸的施工价格为 100~150 元 / 项。

**顶面说明：** 设计有明亮暗光灯带的餐厅吊顶为空间提供更多的辅助光源，以增加舒适的进餐氛围。

**参考价格：** 回字形的暗光灯带吊顶的施工及材料价格为 145~155 元 / 平方米。

## 墙面篇

### 法式花纹壁纸

　　法式风格的壁纸上面常会设计有花纹样式，然后规律地排列形成满墙的壁纸造型。壁纸的色调偏近浪漫、温馨，像米色、紫金色等是常用的壁纸颜色。在卧室的设计中，壁纸通常会贴满墙面，搭配布艺织物，不再设计其他的造型；客厅则相反，是以墙面造型为主，壁纸为辅的设计方式。

**墙面说明：** 玫瑰花纹壁纸是法式风格常用的壁纸纹理，其在餐厅两侧红色窗帘的衬托下，更显浪漫。

**参考价格：** 玫瑰花纹壁纸的市场价格为 200~245 元 / 卷。

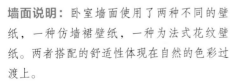 

**墙面说明：** 卧室墙面使用了两种不同的壁纸，一种仿墙裙壁纸，一种为法式花纹壁纸。两者搭配的舒适性体现在自然的色彩过渡上。

**参考价格：** 仿墙裙壁纸的市场价格为 165~190 元 / 卷。

**墙面说明：** 从墙面上的壁纸到床品、地毯均采用同样的法式花纹，使卧室展现出浓郁的法式浪漫情调。

**参考价格：** 带有反光效果的法式壁纸的市场价格为 230~265 元 / 卷。

## 铆钉软包

法式风格的软包很少设计成简单的菱形、方形等样式，而是在软包中嵌入铆钉等材料，丰富软包的整体视觉效果。通常软包的颜色比较温馨，不会选择过于深且暗的颜色，其目的就是为了烘托空间的舒适氛围。

**墙面说明：** 层层实木线条包裹下的皮革软包非常漂亮，其淡米色调也成为白色卧室空间里的主要亮点。

**参考价格：** 嵌入铆钉的软包的施工价格为 45~55 元 / 平方米。

## 大花纹瓷砖造型

在法式风格的墙面中设计瓷砖是很少见的，主要是瓷砖的纹理不能满足法式风格的设计要求，而新型的大花纹瓷砖弥补了这一问题，常用来设计客厅及餐厅的墙面，不仅设计效果美观，而且便于清理，很受人们的欢迎。

**墙面说明：** 三种不同纹理的大花纹瓷砖粘贴在餐厅的墙面上，看似无序却展现出了丰富的设计美感。

**参考价格：** 大花纹墙面瓷砖的市场价格为 210~260 元 / 平方米。

## 枫木木饰面

法式风格的木饰面在墙面中很少大面积地出现，一般会设计成某种具有法式风格的造型。这样设计的主要原因是木饰面难以达成实木材质的真实效果，而法式风格对实木材料的设计运用要求是比较高的，所以利用木饰面设计造型是更多的选择。

**墙面说明：**两种不同色调的木饰面组合设计成床头背景墙，在刷满白色乳胶漆的卧室中显得十分突出。

**参考价格：**木饰面造型的市场价格为235~255元/平方米。

## 法式布艺窗帘造型

布艺窗帘的丰富设计是法式风格的一大特点，尤其是在卧室空间，布艺窗帘常常起到装饰空间的主要作用。可为布艺窗帘设计帷幔、穗子等，以增添布艺窗帘的多样性。在空间中设计布艺窗帘时，一定注意要搭配空间的总色调，并且窗帘的颜色不要过于突出。

**墙面说明：**窗帘不仅设计在窗边，还做为装饰用的床头背景墙，淡粉的色调营造出温馨、浪漫的公主房。

**参考价格：**法式布艺窗帘的市场价格为145~230元/延米。

## 地面篇

### 法式地毯

　　法式地毯的设计样式与欧式古典风格的地毯样式相似，但其中也有一些区别。法式地毯不注重奢华的设计感，而是从温馨、质朴的角度出发，这便决定了地毯的用料以及成型后的效果。

**地面说明：**圆形的拼接地毯采用了两种深浅变化的紫色，这正好呼应法式风格对浪漫型空间的追求。

**参考价格：**圆形拼接地毯的市场价格为245~260 元 / 块。

### 原色仿古砖

　　板岩砖具有古朴的质感，这很贴近法式风格的设计追求。通常设计在法式风格中的板岩砖都会选择较深的颜色，以突出地表现古朴的质感，同时较深的板岩砖颜色可以搭配多种的法式家具，不论是铁艺家具还是实木家具，都可以起到良好的衬托作用。

**地面说明：**餐厅的整体色调偏白，地面设计深灰色的板岩砖可使空间沉稳下来，同时对比色可以提升餐厅的纵深感。

**参考价格：**深灰色板岩砖的市场价格为150~186 元 / 平方米。

## 枫木实木地板

法式风格的实木地板在不同的情况下，其纹理与色调也是不尽相同的。设计深色的实木地板通常是空间内有颜色较深的家具；而浅颜色的实木地板则是因为要体现空间的温馨感。这两种不同设计均应在具体的情况下做合理的选择。

**地面说明：**深红色的实木地板上摆放着欧式实木四柱床，而真正体现出法式风格的亮点在淡绿色的窗帘，使得卧室多了一丝清新。

**参考价格：**红橡木实木地板的市场价格为380~420元/平方米。

**地面说明：**浅色调的实木地板采用了无缝拼接的工艺，使地板的纹理呈现得更加完整。

**参考价格：**水曲柳实木地板的市场价格为320~365元/平方米。

## 十字星仿古砖

法式风格的仿古砖经常设计有拼花造型，并不是大面积的设计，而是在仿古砖的边角设计带有法式风格的拼花图案，使仿古砖的整体效果更具美感。

**地面说明：**十字形的仿古砖拼花搭配白色的填缝剂，使得地面的设计更具有线条美。

**参考价格：**法式风格仿古砖的市场价格为280~360元/平方米。

# 10

# 北欧风格
## 简约材料表达欧式美感

　　北欧风格以简洁著称于世，并影响到后来的"极简主义"、"后现代"等风格。常用的装饰材料主要有木材、石材、玻璃和铁艺等，都无一例外地保留这些材质的原始质感。在家庭装修方面，室内的顶、墙、地六个面，完全不用纹样和图案装饰，只用线条、色块来区分点缀。同时，北欧风格的家居以浅淡的色彩、洁净的清爽感，让居家空间得以彻底降温。

# 北欧风格材料速查

## 顶面材料

### 🔍 按材质划分

| 原色实木 | 亚光乳胶漆 | 简约石膏线 | 亚光石膏板 | 嵌入式射灯 |

### 🔍 按造型设计划分

| 无主灯式吊顶 | 回字形吊顶 | 实木梁吊顶 | 暗光灯带造型 | 仿木板拓缝造型 |

## 墙面材料

### 🔍 按材质划分

   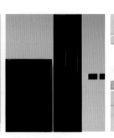 

| 条纹木饰面板 | 亮色乳胶漆 | 简约壁纸 | 通透玻璃 | 装饰银镜 |

### 按造型设计划分

| 白漆红砖墙 | 组合装饰画 | 柜体造型 | 石膏板墙面造型 | 创意壁炉 |

## 地面材料

### 按材质划分

| 原色实木地板 | 大纹路大理石 | 无纹理亚光砖 | 水泥地面 | 绒毛地毯 |

### 按造型设计划分

| 无缝工艺地板 | 地台造型 | 错层地台造型 | 弧形地毯造型 | 条形拼接地砖 |

## 材料运用要点速查表

| | |
|---|---|
| **1** 简洁、明快的白色涂料 | 白色涂料包括乳胶漆、木器漆、金属漆等，是为了提升北欧风格的明快色调而设计的，如白色乳胶漆的大面积涂刷，并且不在顶面、墙面做造型，体现北欧风格的简约主义 |
| **2** 木地板的多种运用 | 北欧风格偏爱设计木地板是超过瓷砖的，无论是在客厅、餐厅，还是卧室、书房都会设计木地板地面。其目的也很简单，提升空间的舒适感、温馨感 |
| **3** 作为点缀设计的粗犷材质 | 如文化石、做旧的实木材料等。这类材料不会在空间中大面积地设计，而是集中在某一处，如电视背景墙、床头背景墙等地方，设计为空间的视觉亮点，以弥补空间色彩及造型不足的问题 |
| **4** 能展现线条感的材料 | 北欧风格不喜欢弧形的、弯曲变化的造型，而更多的设计直线条的造型，包括吊顶的石膏线、墙面的实木收边线等，都以展现出线性的特点为美。这也就是为什么北欧风格很受人们欢迎的原因，其很符合现代人的审美情趣 |
| **5** 装饰材料的恰当运用 | 这类材料包括墙面的装饰画、工艺品、挂饰等，产品生产地及设计元素均取材于北部的欧洲，具有浓郁的北欧风情。这类材料不需要多，一处空间装饰一两件就可以，提升空间的北欧风格氛围 |

## 顶面篇

### 原色实木

北欧风格的实木材料设计会保留实木材料的原始质感，并在上面涂刷清漆增添光泽度。因为是将实木材料设计在吊顶，而北欧风格又不适合设计深色调的空间，所有更多的是选择浅色调的实木材料，或者是设计成平面的形式，或者是设计成实木梁柱的形式。

**顶面说明：**透过厨房窗口可以看到实木梁柱的井字形吊顶，其色彩舒适、自然，与空间内的整体色调均一致。

**参考价格：**实木梁柱刷清漆的施工及材料价格为 45~60 元 / 平方米。

**顶面说明：**全实木结构的房屋吊顶依然保持了实木的原始状态，使客厅看起来颇具简约美感。

**参考价格：**松木指接板的市场价格为 300~450 元 / 张。

### 简约石膏线

北欧风格也会在顶面中设计石膏线，但石膏线的造型是非常简洁的，有时还用石膏板制作石膏线造型。在颜色上，石膏线通常会保持白色，并与整体吊顶的颜色相一致。

**顶面说明：**选择宽边的石膏线装饰吊顶，可使顶面吊顶与墙面衔接得更加自然，阴角也被石膏线化解消失了。

**参考价格：**宽边简约石膏线的市场价格为 35~ 50 元 / 米。

## 亚光石膏板

北欧风格的吊顶不会设计得很复杂，石膏板使用量也会相应地减少，并且不会将石膏板裁切成各种奇怪的造型，而是以简洁为主。常见的北欧风石膏板造型有回字形吊顶、四周暗藏灯带吊顶等，很多时候不在石膏板上预留主灯的位置，采用无主灯的设计形式。

**顶面说明：** 整体的石膏板吊顶看不出来一点设计的痕迹，好像与空间完全融合在一起，充满厚重感。

**参考价格：** 下吊空间较大的石膏板吊顶的施工及材料价格为 155~160 元 / 平方米。

**顶面说明：** 回字形的石膏板吊顶在边角处设计了细缝，看似简单的设计，实则提升了吊顶的线性美感，像一条石膏线装饰在吊顶一样。

**参考价格：** 石膏板吊顶拓缝的施工价格为 3~5 元 / 米。

**顶面说明：** 四周设计暗光灯带的石膏板吊顶，一般需要和四边保留较宽的距离，这样，暗光灯带的光源才能充分地发散出去。

**参考价格：** 平面石膏板吊顶四周设计暗光源的施工及材料价格为 145~155 元 / 平方米。

## 墙面篇

### 柜体造型

北欧风格强调简约、实用的设计理念。在墙面设计中，多会将柜体融入到其中，可以是书柜、储物柜、装饰柜等，通常还会在柜体上设计推拉门。为了体现出柜体的设计美感，推拉门只设计半扇，另一半空间则将柜体的内部结构展露出来，丰富空间内的视觉变化。

**墙面说明：**沙发背后的柜体设计，既可作为书柜及储物柜使用，又为客厅提供了充足的装饰效果，摆放在里面的书籍也可体现出房主的阅读爱好。

**参考价格：**白色混油书柜的施工及材料价格为 550~630 元 / 平方米。

**墙面说明：**餐厅对面的木饰面柜体具有很强的使用功能，可以在里面储存衣服、杂物，还可以在袒露在外面的柜体隔板上摆放书籍、工艺品等。

**参考价格：**木饰面柜体在市场中的定制价格为 450~650 元 / 平方米。

## 白漆红砖墙

白漆红砖墙具备的两个特点是很符合北欧风格设计的：一是红砖墙表面粗犷的质感，在北欧风格的墙面中很容易搭配其他实木材料及家具等；二是涂刷白漆过后的红砖墙具有明亮的色调，呼应了北欧风格空间明亮、氛围轻快的追求。

**墙面说明：** 白漆红砖墙搭配实木家具及墙面柜体，效果颇具质感，似来到欧洲北部满山白雪覆盖着的一栋房屋里面。

**参考价格：** 白漆红砖墙的施工及材料价格为130~150元/平方米。

## 通透玻璃

在墙面中设计玻璃是为了增加空间的通透性，站在一处空间可隐约地看到另一处空间，增添人们的好奇感。有时也会将玻璃独立出来，设计成隔断来分隔客厅与餐厅、门厅空间，代替水泥墙体。

北欧风格的玻璃不会在上面设计花型及凹凸感，只是保留玻璃最简洁的形式，好搭配其他类设计材料。

**墙面说明：** 玻璃与实木结合设计在电视背景墙上，就像一扇细长的玻璃窗，可以隐约地看到书房内的设计。

**参考价格：** 8毫米厚的钢化玻璃的市场价格为60~70元/平方米。

## 组合装饰画

北欧风格的墙面不会设计过多的造型，就需要后期的装饰画来搭配。为了铺设满墙面，通常将装饰画进行组合式设计，形成一个整体悬挂在墙面上，做沙发背景墙或餐厅主题墙使用。装修画的选择应注意，在表现出简约的情况下，一定有北欧风格的特色，如做旧的金属画框等。

**墙面说明：**装饰画的木制框在涂刷白漆后，进行了做旧处理，再搭配里面的绘画，俨然是一处北欧家居。

**参考价格：**做旧木框的装饰画的市场价格为 80~170 元 / 幅。

## 创意壁炉

北欧风格的家居当然是需要壁炉的，这符合北欧地区的区域特色，需要壁炉来提升空间的温度。但北欧风格的壁炉在样式上是不同于其他类欧洲风格的，其更强调设计的创新，改变传统的设计样式，使壁炉与墙面设计巧妙地融合在一起。

**墙面说明：**充满优美弧度的壁炉与墙面是不可分割的，设计上完美地融合在一起，里面堆放的干柴更是起到装饰空间美感的作用。

**参考价格：**现场制作的壁炉的施工及材料价格为 2600~3200 元 / 项。

## 地面篇

### 原色实木地板

北欧风格对生活的品质有很高的要求，相比较复合地板，显然实木地板更适合设计在北欧风格中。在实木地板的具体样式与色调选择中，没有严格的要求，只要是符合北欧风格的整体设计就好。一般情况下，深色系、暖色系的实木地板使用得更多，也更容易烘托空间的氛围。

**地面说明：** 无缝拼接的实木地板看不到一点衔接的痕迹，可以最大化地表现出地面纹理的完整度。

**参考价格：** 适合无缝拼接工艺的实木地板的市场价格为 420~460 元 / 平方米。

**地面说明：** 浅色调的实木地板装饰下的客厅，看起来更加舒适，空间似乎因地面的浅色而明亮了不少。

**参考价格：** 浅色橡木实木地板的市场价格为 280~350 元 / 平方米。

**地面说明：** 窄条纹铺设的实木地板与墙面的实木板材形成设计上的呼应，色彩过渡得舒适、自然。

**参考价格：** 窄边红木实木地板的市场价格为 360~480 元 / 平方米。

## 无纹理亚光砖

亚光砖之所以适合北欧风格，是因为北欧风格整体以白色调为主，不需要地面瓷砖的高反光度来提升空间的亮度。选择亚光砖时需要搭配好色调与纹理就可以了，使其与墙面的造型、空间内的家具形成自然的色彩过渡，将空间展现得更加平滑、舒适。

**地面说明：** 厨房内的地面瓷砖、橱柜及顶面全部是白色的，突出了实木材质的橱柜台面，整体的视觉效果看起来颇具美感。

**参考价格：** 小块白色亚光砖的市场价格为 80~160 元 / 平方米。

**地面说明：** 切割成长条形的亚光砖借鉴了木地板的设计形式，可以起到拓展空间长度的作用。

**参考价格：** 长条形亚光砖的市场价格为 155~230 元 / 平方米。

**地面说明：** 餐桌下面设计亚光砖比木地板有更多的优点，可以防水、防潮，还不用担心油渍落到上面难以擦除。

**参考价格：** 600×600 亚光砖的市场价格为 120~240 元 / 平方米。

## 地台造型

在北欧风格的空间内设计地台，是为了起到分隔空间的目的。一般地台造型均出现在客厅，在客厅分隔出的书房位置设计地台，使书房高出客厅，带给人一种独立空间的视觉效果。地台的材料通常是木材搭建的，然后在上面铺设木地板，当然也有在上面铺设地砖的情况，但一般情况下很少发生。

**地面说明：** 浅色实木板材搭建的地台，在楼梯处设计有暗光灯带，可以起到提醒人们的作用，防止经过这里时绊倒。

**参考价格：** 实木地台的施工及材料价格为 700~800 元 / 平方米。

## 弧形地毯造型

弧形地毯即通常意义上的块毯，只不过不是方块形状的，而是裁切成圆润的弧形。在北欧风格中设计弧形地毯，比较适合摆放在床尾及沙发茶几的下面，其主要目的还是装饰，实用性比方块毯则稍差一些。

**地面说明：** 圆弧形的绒毛地毯与长条形的沙发形成视觉对比，颇具审美的趣味性。

**参考价格：** 圆弧形绒毛地毯的市场价格为 400~780 元 / 块。

# 11

# 美式乡村风格

## 多种做旧工艺的材料

美式乡村风格又被称为美式田园风格，在室内环境中力求表现悠闲、舒畅、自然的田园生活情趣，也常运用天然木、石材等材质质朴的纹理。美式乡村注重家庭成员间的相互交流，注重私密空间与开放空间的相互区分，重视家具和日常用品的实用和坚固。美式乡村风格的材料摒弃了繁琐和豪华，并将不同风格中优秀材料元素汇集融合，以舒适为向导，强调"回归自然"。家具颜色多仿旧漆，式样厚重；设计中多有地中海样式的拱形材料。

# 美式乡村风格材料速查

## 顶面材料

### 🔍 按材质划分

  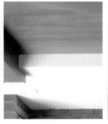  

| 做旧实木线条 | 漆面实木梁柱 | 浅色调饰面板 | 小面积石膏板 | 雕花石膏线 |

### 🔍 按造型设计划分

| 拱形吊顶 | 井字形吊顶 | 暗光灯带造型 | 弧形吊顶 | 硅藻泥造型顶 |

## 墙面材料

### 🔍 按材质划分

| 做旧硅藻泥 | 天然石材 | 美式乡村壁纸 | 亮漆面实木材料 | 暖色乳胶漆 |

## 按造型设计划分

| 内嵌式柜体造型 | 墙裙造型 | 弧形门口造型 | 拱形墙面造型 | 拼接墙砖图案 |

# 地面材料

## 按材质划分

| 复古地板 | 美式乡村地毯 | 做旧仿古砖 | 细纹理亚光砖 | 亮色马赛克 |

## 按造型设计划分

| 菱形地面造型 | 仿古砖拼花 | 圆形花毯造型 | 马赛克收边线 | 拼花木地板 |

## 材料运用要点速查表

| | |
|---|---|
| **1 实木材料的大量运用** | 美式乡村风格贴近自然，设计中会大量地使用实木材料，如实木梁柱、实木罗马柱、木饰面板及实木线条等材料。其颜色一般较深，纹理自然，与墙面的乳胶漆形成鲜明的对比 |
| **2 自然裁切的石材** | 美式乡村风格摒弃了繁琐与奢华，兼具古典主义的优美造型与新古典主义的功能配备，既简洁明快，又便于打理。自然裁切的石材既能彰显出乡村风格材料的选择要点，即天然材料；而自然裁切的特点又能体现出该风格追求自由、原始的特征 |
| **3 粗犷的木家具** | 美式乡村风格的家具主要以殖民时期的为代表，体积庞大，质地厚重，坐垫也加大，彻底将以前欧洲皇室贵族的极品家具平民化，气派而且实用。主要使用可就地取材的松木、枫木，不用雕饰，仍保有木材原始的纹理和质感，还刻意添上仿古的瘢痕和虫蛀的痕迹，创造出一种古朴的质感，展现原始粗犷的美式风格 |
| **4 做旧工艺的瓷砖、木材** | 美式乡村风格不论是家具，还是墙面、顶面、地面中的设计材料，都会采用做旧工艺，形成一种复古感，似有一种悠久的历史传承一样，表现在具体的材料上包括瓷砖、木地板、木制吊顶等 |
| **5 硅藻泥墙面** | 硅藻泥是一种天然环保内墙装饰材料，用来替代墙纸和乳胶漆。在美式乡村风格的居室内用硅藻泥涂刷墙面，既环保，又能为居室创造出古朴的氛围 |
| **6 自然古朴的砖墙** | 美式乡村风格属于自然风格的一支，倡导"回归自然"。红色的砖墙在形式上古朴自然，与美式乡村风格追求的理念相一致，独特的造型亦可为室内增加一抹亮色 |

## 顶面篇

### 漆面实木梁柱

实木梁柱是美式乡村风格吊顶中最常用到的材料，通常将实木梁柱高低错落排列，设计成井字形的吊顶，也会将实木梁柱平行地排列在吊顶中，起到拓展空间视觉宽度的目的。实木梁柱并不是单独设计在吊顶中，会搭配石膏板设计合适的造型，突出实木梁柱的吊顶主体。

**顶面说明：**经过漆面处理后的实木梁柱呈现黑褐色，与空间的内楼梯、墙面柜体等形成呼应，表达出美式乡村风格对实木材料的重视。

**参考价格：**实木梁柱表面做旧处理的施工及材料价格为 75~90 元/平方米。

**顶面说明：**客厅内最重的颜色属于顶面的实木梁柱，但并不显得压抑，主要原因在于顶面设计了大面积的白色乳胶漆，化解了实木梁柱的深红色调。

**参考价格：**井字形实木梁柱吊顶的施工价格为 65~70 元/平方米。

**顶面说明：**顶面的实木梁柱是用木饰面板包裹设计成的。整个顶面色彩与木地板形成呼应设计，带给人一种木制结构卧室的感觉。

**参考价格：**木饰面板设计的实木梁柱吊顶的施工及材料价格为 235~255 元/平方米。

## 拱形吊顶

美式乡村的拱形吊顶虽然漂亮，但想设计拱形吊顶的空间需要满足一定的要求，即较高的楼层高度。拱形吊顶中，会运用到实木梁柱，搭建出拱形吊顶的总体结构，然后再设计石膏板吊顶，并在其中安装射灯、筒灯等灯具，以增添空间内的光影变化。

**顶面说明：** 拱形吊顶的四周设计有暗光灯带，可将整个拱形顶照亮，在晚上的效果非常具有美感。

**参考价格：** 四边低中间高的拱形吊顶的施工及材料价格为 165~175 元 / 平方米。

**顶面说明：** 随着结构形状设计的拱形吊顶中，将固定吊顶的槽钢涂刷了红木漆，使其看起来像实木梁柱搭建的一样。

**参考价格：** 槽钢刷红木漆的施工及材料价格为 85~100 元 / 平方米。

## 弧形吊顶

美式乡村的弧形吊顶强调圆润的弧度，不仅将石膏板切割成优美的弧形，石膏板连接的阳角处也要做圆润处理，使其看不出坚硬的棱角。因此，在美式乡村风格中设计弧形吊顶对工艺有着很高的要求。

**顶面说明：** 不论从哪一个角度看，弧形吊顶的圆润处理都是极具美感的，一方面展现了施工的精湛工艺，另一方面也为餐厅的设计增色不少。

**参考价格：** 吊顶阳角做圆润处理的施工价格为 8~15 元 / 米。

## 做旧实木线条

实木线条的设计经常搭配木饰面板共同出现在吊顶中，形成独具特色的美式乡村风格吊顶。在吊顶中设计实木线条时需要注意，实木线条的纹理及颜色需要与木饰面板相一致，不然设计出来的吊顶会很乱，也失去了协调与呼应的设计美感。

**顶面说明：** 实木线条环绕的回字形吊顶内设计了相同纹理及色调的木饰面板，整体的视觉效果非常统一，同时里面的暗光灯带也为吊顶提供了丰富的辅助光源。

**参考价格：** 橡木材质的实木线条的市场价格为 40~50 元 / 米。

## 墙面篇

### 内嵌式柜体造型

美式乡村风格的家具普遍偏硕大，摆放在空间内会占去很多面积，所以户型小一些就会显得拥挤。考虑到这样的情况，便将柜体嵌入到墙体内，节省空间，同时还起到装饰的作用，并可以在柜体里摆放书籍、工艺品等。

**墙面说明：** 红砖砌筑成的沙发背景墙，整体便是一组柜体，可以在下面的空间储存杂物，在上面的搁板摆放工艺品。

**参考价格：** 红砖墙柜体的砌筑施工及材料价格为 120~135 元 / 平方米。

**墙面说明：** 在内凹的墙体前面摆放两组成品书柜，与整体墙面形成统一的墙面造型，既可丰富客厅的视觉美感，又可在里面摆放书籍。

**参考价格：** 成品实木书柜的市场价格为 850~ 1450 元 / 个。

## 弧形门口造型

美式乡村风格的弧形门口材料不限于实木材质，还包括大理石、瓷砖、硅藻泥等材料。这类材料普遍有一个特点，即沉稳内敛的色调或做旧处理工艺。一般情况下，在门口设计中，用到实木材质的情况更多，更好搭配美式乡村风格的家具及吊顶。

**墙面说明：**硅藻泥设计的弧形门口拥有圆润的棱角，使整体墙面更具质感。

**参考价格：**弧形门口磨圆润棱角的施工价格为100~200 元/项。

**墙面说明：**洞石设计的弧形门口，在边角处设计了像太阳花一样展开的丰富造型，使通往餐厅吊顶空间也变得趣味盎然。

**参考价格：**洞石弧形门口的施工及材料价格为1000~1500 元/项。

**墙面说明：**通往卫生间的门是定制的弧形门口，实木的材质颇具质感，其色调与实木床、实木吊顶及实木地板等保持一致，使卧室得到统一的视觉效果。

**参考价格：**实木弧形门口的市场定制价格为180~200 元/米。

## 墙裙造型

　　墙裙造型是美式乡村风格墙面设计的标志之一，设计在客厅、餐厅、卧室、书房等空间，同时搭配美式乡村风格的壁纸，形成整体的墙面造型。通常情况下，墙裙造型不适合设计在电视背景墙与床头背景墙，而更适合设计在其他不需要集中视觉注意力的地方。

**墙面说明：** 墙裙在设计中与套装门的纹理及色调保持一致是有好处的，可使墙面造型看起来更加整体。

**参考价格：** 美式实木墙裙的市场定制价格为 460~580 元 / 平方米。

## 天然石材

　　美式风格用到的天然石材不是指大理石、花岗岩等常见到的材料，而是形状不规则、表面粗糙的石头。石材经过简单的加工处理，然后粘贴在墙面上，用白色填缝剂填充好石材间的缝隙，整体的视觉效果像看到一处石头砌筑的房屋一样真实。

**墙面说明：** 完全用不规则石材砌筑成的欧式壁炉，可以真正地使用，并不只是一个墙面造型那样简单。

**参考价格：** 不规则石材砌筑的壁炉的价格为 5500~7000 元 / 项。

## 地面篇

### 复古地板

　　美式乡村风格的地板会选择实木的材质，在其表面处理做旧工艺，形成一种复古的质感。这种地板不论铺设在客厅、餐厅，还是卧室、书房，都会有较好的视觉效果，有时也会设计成拼花地毯造型，以丰富空间的地面设计变化。

**地面说明：**拼花造型的复古地板搭配做旧工艺的实木床，是常见的美式风格卧室设计，也是一种非常具有品位的设计。

**参考价格：**拼花复古实木地板的市场价格为 550~680 元 / 平方米。

**地面说明：**尽管复古地板的纹理非常丰富，但不显得混乱，这主要得益于床头壁纸的呼应设计。

**参考价格：**大纹理实木地板的市场价格为 370~430 元 / 平方米。

**地面说明：**客厅的沉稳感主要来源于红木实木地板与红木茶几的搭配，使得空间具有美式乡村风格的古朴感。

**参考价格：**大红色红木实木地板的市场价格为 480~620 元 / 平方米。

## 圆形花毯造型

美式乡村风格在地面选择铺设圆形地毯有几种情况：一是空间的结构是弧形的或者多边形的，需要圆形地毯来呼应空间的结构；二是纯装饰性兼顾实用性，设计在卧室、书房等空间，很少设计在客厅的沙发下面，因为与沙发的组合不好搭配。

**地面说明：** 多边形的书房适合铺设圆形的花毯，使空间有一个视觉中心，突出中心的书桌位置。

**参考价格：** 美式圆形花毯的市场价格为650~800元/块。

## 菱形地面造型

菱形地面造型在美式乡村风格中多数情况下用仿古砖来实现，设计大理石的情况很少，因为大理石缺少仿古砖的古朴质感。用仿古砖设计的菱形地面适合铺设在客厅及餐厅空间，尤其是客餐厅连通的空间，铺设效果更佳，可以展现出菱形地面砖的整体设计美感。

**地面说明：** 菱形铺设的仿古砖地面，边角处采用了马赛克收边，丰富了地面的色彩，改变了空间内略显沉闷的色调。

**参考价格：** 菱形仿古砖的施工价格为55~65元/平方米。

# 12

# 田园风格

## 碎花纹理材料的多样化运用

田园风格大约形成于 17 世纪末，主要是由于人们看腻了奢华风，转而向往清新的乡野风格，其中最重要的变化就是家具开始使用本土的胡桃木，外形质朴素雅。田园风格的材料及家具特点主要在华美的布艺以及纯手工的制作，布面花色秀丽，多以纷繁的花卉图案为主。带有碎花、条纹、苏格兰图案的材料是田园风格家具永恒的主调。

# 田园风格材料速查

## 顶面材料

### 按材质划分

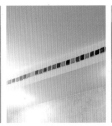

| 混油漆实木材料 | 圆润石膏线 | 彩色马赛克 | 亮漆石膏板 | 着色乳胶漆 |

### 按造型设计划分

| 菱形造型顶 | 弧形吊顶 | 内凹式吊顶 | 镂空式吊顶 | 实木梁柱造型 |

## 墙面材料

### 按材质划分

| 碎花壁纸 | 竖条纹壁纸 | 暖色乳胶漆 | 布艺花格 | 田园墙绘 |

## 按造型设计划分

| 菱形墙砖造型 | 混油柜体造型 | 石膏板造型墙 | 壁炉造型 | 组合装饰画 |

# 地面材料

## 按材质划分

| 檀木复合地板 | 丰富纹理亚光砖 | 细纹理抛光砖 | 大花地毯 | 深色仿古砖 |

## 按造型设计划分

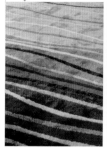    

| 条纹造型地毯 | 八角形地砖铺贴 | 多色格子地毯 | 斜铺地砖 | 拼花地砖 |

## 材料运用要点速查表

| | |
|---|---|
| **1 布艺墙纸的大量运用** | 谈到田园风格的材料，最先想到的便是布艺墙纸。在这个每个设计元素都为取悦眼球和神经的风格之内，软化空间的高手——布艺墙纸，成了田园布局的象征手法。田园空间并不讲求"留白"，因此在墙面上往往喜欢贴上各种墙纸布艺，以求令空间显得更为丰满 |
| **2 保有原木色的木材** | 田园风格的家居中，在木材的选择上多用胡桃木、橡木、樱桃木、榉木、桃花心木、楸木等木种。一般的设计都会保留木材原有的自然色调，也有部分将家具在原木的基础上粉刷成奶白色，令整体感觉更为优雅细腻 |
| **3 手工制作的沙发** | 手工沙发在田园家居中占据着不可或缺的地位，大多是布面的，色彩秀丽，线条优美，柔美是主流，但是很简洁；注重面布的配色与对称之美，越是浓烈的花卉图案或条纹越能展现田园味道 |
| **4 英伦风装饰品** | 英伦风的装饰品可以有很多的选择，比如米字图案的小挂件、英国士兵，或者是非常具有英式风情的下午茶茶具等，将这些独具英式风情的装饰装点于家居环境中，可以为家中带来强烈的异国情调 |
| **5 雕花** | 雕花是欧式古典家具上的惯用手法，在田园风格的家具及材料中，雕花的应用相对收敛，但也不可或缺。虽然没有大范围华丽繁复的雕刻图案，但在田园风格的家具中，如床头、妆镜框、沙发椅腿、餐椅靠背等地方，总免不了适量浅浮雕的点缀，并且所雕刻的图案一般立体感较强，制作精致细腻，让人感觉到一种严谨细致的工艺精神 |

## 顶面篇

### 混油漆实木材料

　　田园风格的吊顶同样钟爱实木材料的设计，但不像美式风格的浓厚色彩，而偏向涂刷白色混油的实木材料，当然也会设计原木的实木吊顶，不过较白色混油实木就少一些。在吊顶中，通常不会大面积地设计实木，而是将实木设计为点睛之笔，在石膏板吊顶的衬托下，展现出实木材料独具的美感。

**顶面说明：** 吊顶的横梁及四边均用涂刷白色混油的实木板材设计而成，相比乳胶漆顶面更具质感。

**参考价格：** 石板板材涂刷白色混油的施工及材料价格为 100~115 元 / 平方米。

**顶面说明：** 桑拿板设计的厨房吊顶，搭配实木橱柜、木地板等，营造出木制房屋的感觉。

**参考价格：** 桑拿板的市场价格为 35~55 元 / 平方米。

**顶面说明：** 实木梁柱设计的吊顶虽然简洁，却恰当地烘托了客厅的田园风格氛围。

**参考价格：** 实木梁柱的吊顶安装费用为 150~300 元 / 项。

## ▧ 圆润石膏线 ▧

　　田园风格的石膏板吊顶不会设计太多的造型，尤其类似层叠变化的复杂造型，通常会围绕吊顶的四周设计环绕的造型，或者设计优美弧度的边角，或者在里面设计暗藏灯带，然后在石膏板吊顶的四周设计石膏线，以形成整体的吊顶设计效果。

**顶面说明：**石膏板吊顶与横梁错出的第一段空间刚好设计石膏线，同时将中央空调隐藏在吊顶内部。

**参考价格：**石膏板吊顶开空调出风口的施工价格为 40~50 元 / 个。

**顶面说明：**设计暗光灯带的石膏板吊顶需要注意的是，吊顶需要有一定的下吊高度，使暗光灯带的光源充分地发散出来。

**参考价格：**石膏板吊顶中安装筒灯的人工价格为 2~3 元 / 个。

**顶面说明：**弧形石膏板吊顶的中间，设计有石膏板拓缝，营造出一种实木结构吊顶的感觉。吊顶边角的弧度处理得很巧妙，其弧度大小与客厅形成了恰当的比例。

**参考价格：**拓缝石膏板吊顶的施工及材料价格为 155~165 元 / 平方米。

## 镂空式吊顶

设计镂空式的吊顶，需要空间有足够的层高，一般满足这种设计的是顶层的楼房，里面的顶面建筑是尖拱的，设计镂空式吊顶，使站在下面的人隐约地看到顶面内的尖拱造型。这样的镂空式吊顶比较好搭配田园风格的家具，不论是碎花布艺还是实木家具，都可以和谐地搭配在一起。

**顶面说明：** 在镂空式吊顶的内部装饰有几幅欧式画，颇有新意，使枯燥的顶面造型也变得有了生机。

**参考价格：** 镂空式吊顶的施工及材料价格为 145~155 元 / 平方米。

## 彩色马赛克

田园风格喜欢多彩的空间，在吊顶设计中，将马赛克融入到其中，起到变换顶面色彩的作用。设计在吊顶中的马赛克不是成片粘贴的，而是将马赛克分隔成独立的小块，不同的颜色相互穿插设计在吊顶中。

**顶面说明：** 在石膏板吊顶的里面设计彩色马赛克，仅细细的一条便将整个吊顶提升了设计档次，使其与空间的搭配更加和谐。

**参考价格：** 吊顶粘贴马赛克的施工价格为 60~80 元 / 平方米。像上图这种情况则按项目计算，约 200~300 元 / 项。

## 墙面篇

### 碎花壁纸

设计在墙面中的碎花壁纸是田园风格的代表性材料，会大量地设计在客餐厅、卧室、书房等空间。其设计的形式也比较多样，有搭配白色混油墙裙的设计、有搭配原木色实木线条的设计，或者是搭配空间的布艺织物，形成统一的设计效果。

**墙面说明：** 在内凹的墙体前面摆放两组成品书柜，与整体墙面形成统一的墙面造型，既可丰富客厅的视觉美感，又可在里面摆放书籍。

**参考价格：** 成品实木书柜的市场价格为 850~1450 元 / 个。

**墙面说明：** 大花纹的田园风壁纸贴满的电视背景墙，并没有设计其他的造型，但通过几件实木家具的搭配，营造出了浓郁的田园风格客厅。

**参考价格：** 大花纹田园风壁纸的市场价格为 145~220 元 / 卷。

### 竖条纹壁纸

竖条纹壁纸常出现在田园风格的设计中，因为田园风格的布艺织物等常会有格子造型，因此设计竖条纹壁纸来呼应格子布艺织物。竖条纹虽然具有现代风格的理性色彩，但在色调上却完全继承了田园风的自然主义，在壁纸中体现为较多的自然色调，如墨绿、棕黄等颜色。

**墙面说明：** 竖条纹壁纸粘贴满卧室的墙面，并搭配白色混油的实木床头造型，这是常见的田园风格搭配技巧，即竖条纹壁纸搭配混油家具。

**参考价格：** 竖条纹的田园风壁纸的市场价格为135~180 元 / 卷。

### 布艺花格

田园风格的布艺花格常设计在窗帘、床品、布艺沙发当中，是多种颜色混合成的方格形状，颇具视觉美感。这种布艺花格也是田园风格的标志之一。不过，值得注意的是，设计布艺花格时，最好搭配实木材料一同出现，可以是原木色的实木，也可以是白色混油漆面的实木。

**墙面说明：** 绿色花边的格子窗帘具有明快的色调，是卧室内的设计亮点，为空间提供了充足的装饰性。

**参考价格：** 格子窗帘的市场定制价格为 85~110 元 / 米。

## 暖色乳胶漆

　　田园风格的空间偏爱暖色调的乳胶漆，这不单只限于柔和的黄色调，还有更多的中性色，如沉稳的蓝色、成熟的绿色等。这类暖色乳胶漆会大量涂刷在墙面，基本会覆盖除去其他材质设计的墙面上；有时也会将暖色乳胶漆设计在吊顶中，但这种情况很少，并且对乳胶漆的色调也有较多的要求，如颜色必须浅淡等等。

**墙面说明：**淡米色乳胶漆墙面适合搭配白色混油的家具，可使空间更加明亮、轻快。

**参考价格：**淡米色乳胶漆的施工及材料价格为40~50元/平方米。

**墙面说明：**橘黄色的乳胶漆墙面适合搭配黑漆铁艺的工艺品、家具等，能增添空间的时尚感，并赋予空间沉稳、温馨的感觉。

**参考价格：**橘黄色乳胶漆的施工及材料价格为45~55元/平方米。

**墙面说明：**将暖色乳胶漆涂刷满墙面、顶面，仅用一条白色的石膏线进行分隔，其效果非常精美。吊顶搭配的吊叶扇更是突出了田园风设计的主题。

**参考价格：**暖色乳胶漆吊顶的施工及材料价格为50~55元/平方米。

## 地面篇

### 檀木复合地板

　　田园风格对地面的实木地板并没有太多的要求，只要实木地板的纹理及色调符合整体设计的要求即可，也需要做旧的地板工艺。在实际设计中，田园风格的地板多数情况会选择较深的色彩，来衬托空间的墙面及家具等；如果需要浅色的地面设计，则瓷砖似乎是比实木地板更好的选择。

**地面说明：**带有凹凸纹理的实木地板，颜色沉稳，即使上面摆放同样深沉颜色的双人床、单人座椅也不会显得漂浮。

**参考价格：**凹凸红樱木实木地板的市场价格为 340~420 元 / 平方米。

### 深色仿古砖

　　与美式乡村风格不同的是，田园风格中的仿古砖其纹理更简单、且凹凸感没那么强烈，也不会在表面进行做旧处理。因此，在挑选田园风格的仿古砖时，应尽量选择简单且规整的砖面样式，既可体现空间的田园风，又可减少一些繁复的设计造型。

**地面说明：**仿古砖的表面非常地简洁，凹凸感表现得也比较细腻，其菱形的贴法也丰富了客厅空间的设计变化。

**参考价格：**田园风格仿古砖的市场价格为 180~240 元 / 平方米。

## 大花地毯

田园风格中的地毯在满足功能性的同时，更多的是起到装饰作用，其多样化的纹理为空间提供了诸多的设计亮点。其中，格子纹理、条形纹理是田园风格所独具的地毯纹理，具有色彩丰富、变化多样的特点。

**地面说明：**长方形的田园风地毯铺设在餐厅的中间，使陈设在上面的实木餐桌极自然地成为空间的视觉中心。

**参考价格：**大块的长方形田园风地毯的市场价格为1200~1800元/块。

**地面说明：**色块变化的方形格子地毯与沙发的皮革、墙面造型相互呼应，共同组成了内敛含蓄的田园风空间。

**参考价格：**格子地毯的市场价格为650~900元/块。

# 13

# 地中海风格
## 浪漫温馨的蓝色材料

　　地中海家居风格顾名思义，泛指在地中海周围国家所具有的风格，这种风格代表的是一种特有居住环境造就的极休闲的生活方式。其装修设计的精髓是捕捉光线，取材天然。主要的材料均会采用白色、蓝色、黄色、绿色等颜色，这些都是来自于大自然最纯朴的元素。地中海风格在顶、墙、地面造型方面，一般选择流畅的线条，圆弧形就是很好的选择，它可以放在家居空间的每一个角落，一个圆弧形的拱门、一个流线型的门窗，都是地中海家装中的重要元素。

# 地中海风格材料速查

## 顶面材料

### 🔍 按材质划分

| 海洋石膏线 | 有木节的实木 | 深色实木梁柱 | 亚光面石膏板 | 浅色木饰面板 |

### 🔍 按造型设计划分

| 弧形吊顶 | 蓝漆实木板吊顶 | 暗光灯带造型 | 梁柱式吊顶 | 错层吊顶 |

## 墙面材料

### 🔍 按材质划分

| 地中海风格壁纸 | 混油实木材料 | 蓝白调墙绘 | 彩色乳胶漆 | 墙砖 |

## 按造型设计划分

| 罗马柱造型 | 木窗 | 拱形门口 | 瓷器挂饰 | 柜体造型 |

## 地面材料

## 按材质划分

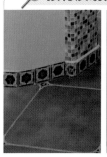

| 土色仿古砖 | 暖色亚光砖 | 仿樱桃木复合地板 | 马赛克 | 着色板岩砖 |

## 按造型设计划分

| 地面拼花 | 斜铺地面 | 对比色彩砖造型 | 大小砖造型 | 马赛克收边线 |

## 材料运用要点速查表

| | |
|---|---|
| **1 马赛克的巧妙运用** | 马赛克瓷砖的应用是凸显地中海气质的一大法宝，细节跳脱，整体却依然雅致。需要注意的是，由于马赛克瓷砖时间长后接缝会积灰变深，如果使用大面积的马赛克，不仅打理起来麻烦，而且不好看。解决之道是购买已经拼接好、无需单独购买勾缝剂施工的品种。这样的马赛克瓷砖价格虽然贵些，但是手工和打理的精力可以省下 |
| **2 凹凸质感的白灰泥墙** | 白灰泥墙在地中海装修风格中也是比较重要的装饰材质，不仅因为其白色的纯度色彩与地中海的气质相符，其自身所具备的凹凸不平的质感也令居室呈现出地中海建筑所独有的气质 |
| **3 船形材料** | 船形的家具材料是最能体现出地中海风格家居的元素之一，其独特的造型既能为家中增加一分新意，也能令人体验到来自地中海岸的海洋风情。在家中摆放这样的一个船形家具，浓浓的地中海风情呼之欲出 |
| **4 地中海拱形窗** | 拱形窗不仅是欧式风格的最爱，用于地中海风格中也可以令家居彰显出典雅的气质。与欧风家居中的拱形窗所不同的是，地中海风格中的拱形窗在色彩上一般运用经典的蓝白色，并且镂空的铁艺拱形窗也能很好地呈现出地中海风情 |
| **5 贝壳、海星等海洋装饰** | 在地中海浓郁的海洋风情中，当然少不了贝壳、海星这类装饰元素。这些小装饰在细节处为地中海风格的家居增加了活跃、灵动的气氛 |

## 顶面篇

### 木节实木板

地中海风格中将有木节的实木板设计在吊顶中，然后涂刷清漆，以提升板材的光泽度，并且在木板的四周会设计石膏板吊顶，这样可以很好地解决板材收边以及安装筒灯、射灯的问题。

**顶面说明：** 在狭长的过道将木板设计成斜铺的形式，可以缓解过道的狭长感，并提升吊顶设计的趣味性。

**参考价格：** 木节实木板的市场价格为 70~130 元 / 张。

### 深色实木梁柱

实木梁柱的吊顶设计是为了增添顶面的设计变化，使吊顶设计更容易与空间内的家具、墙面造型相互搭配。而地中海风格中的实木梁柱则更注重理性美，即不会在吊顶中设计过于复杂的造型，而是按照一定规律排列。

**顶面说明：** 看似随意排列的实木梁柱，其实早已经将吊灯的安装位置计划在其中，使客厅、餐厅的吊灯恰好可以固定在实木梁柱上。

**参考价格：** 客厅内的复古吊灯的市场价格为 500~950 元 / 个。

## 亚光面石膏板

地中海风格的石膏板吊顶多数情况会设计成弧形，这符合地中海区域人们的喜好。并且在石膏板吊顶的棱角处，会进行圆润的弧度处理，使其看起来更加舒适、自然，给人一种错觉，吊顶是用水泥设计好的，而不是用石膏设计出来的。

**顶面说明：** 石膏板吊顶在电视背景墙处设计了下吊式造型，并在石膏板的里面安装有射灯、暗光灯带，与电视背景融合在一起，形成整体的造型。

**参考价格：** 电视背景墙上侧吊顶的施工及材料价格为 155~165 元/平方米。

**顶面说明：** 吊顶的四角处均进行了圆润的弧度处理，并在吊顶立面设计有暗光灯带，在夜晚开启灯带的时候，客厅会变得非常温馨。

**参考价格：** 仅在顶面四周做吊顶的施工及材料价格为 140~150 元/平方米。

**顶面说明：** 弧形吊顶设计在小空间内会更具美感，其看起来就像一块椭圆形的顶面，再搭配中间的半球吸顶灯，体现了弧形设计在地中海风格中的重要性。

**参考价格：** 半球形吸顶灯的市场价格为 400~550 元/个。

## 蓝漆实木板吊顶

蓝色是地中海风格设计中的主题色，其寓意大海的包容与宽广。在吊顶设计中，蓝色木器漆涂刷在拓缝实木板材上，再搭配石膏板吊顶，共同组成吊顶的设计造型。其效果颇具吸引力，往往会成为人们进入空间后注意到的第一个造型。

**顶面说明：** 显然，蓝漆实木板吊顶是餐厅最吸引人的设计点，搭配墙面的柜体、弧形木窗等，共同组成了空间内幽静的蓝色调。

**参考价格：** 白色吊扇灯的市场价格为 650~1200 元 / 个。

## 墙面篇

### 地中海风格壁纸

地中海风格的壁纸主要以蓝白色调为主，纹理会设计成船形、海星、贝壳等图案，当然还包括薰衣草、玫瑰花等花型图案。这类壁纸张贴在墙面中，再搭配一些蓝色漆面家具，会具有非常轻快、明亮的空间设计效果。

**墙面说明：**帆船纹理的壁纸通过蓝黄亮色形成对比，更好地突出了蓝色帆船纹理的主体，丰富了客厅的整体视觉效果。

**参考价格：**帆船纹理壁纸的市场价格为 75~130 元 / 卷。

### 瓷器挂饰

地中海风格的瓷器挂饰有两种：一种是从中国流传过去的带有浓厚中国传统味道的青花瓷；一种是欧洲本地样式的瓷器挂饰。通常会将挂饰设计在没有做过造型的墙面上，以丰富整体空间。

**墙面说明：**瓷器挂饰上印有典型的地中海装饰柜，成组地排列在墙面上，使得墙面也具有了设计上的秩序。

**参考价格：**瓷器挂饰的市场价格为 350~600 元 / 组。

### 蓝白调墙绘

地中海风格是最喜欢在墙面设计墙绘的，墙绘的图案多是以地中海区域的风景、人物为主题。选择一面平整的墙面进行绘画时，需要了解的是，最好将墙绘设计在端景墙、楼梯墙面等相对独立的墙面上，其效果更佳。

**墙面说明：**床头背景墙的绘画虽然只有一点，但却搭配得恰到好处，增添了空间的趣味性。

**参考价格：**花型图案墙绘的市场价格为 180~230 元 / 平方米。

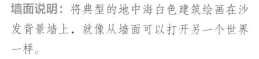

**墙面说明：**将典型的地中海白色建筑绘画在沙发背景墙上，就像从墙面可以打开另一个世界一样。

**参考价格：**建筑与海洋的墙绘的市场价格为 200~430 元 / 平方米。

**墙面说明：**灯塔的墙绘样式带有一些模糊感，使其与周围的墙面更好地融合在一起，成为入户后的第一道设计亮点。

**参考价格：**灯塔图案墙绘的市场价格为 140~190 元 / 平方米。

## 墙砖

　　地中海风格的墙砖设计更注重不同样式瓷砖间的合理搭配，如马赛克搭配仿古砖、瓷砖花片搭配斜拼的瓷砖等。因为更强调墙砖的装饰效果，对墙砖的色调及纹理也就有了更多的限制，要求相互搭配的墙砖之间的色调要过渡自然，纹理的差别不要过大。

**墙面说明：** 卫生间的上部墙面涂刷防水乳胶漆，下部则用马赛克粘贴，天蓝与米黄的对比成就了卫生间内浓郁的地中海风格。

**参考价格：** 墙面粘贴马赛克的施工价格为 45~60 元 / 平方米。

**墙面说明：** 卫生间设计的墙砖虽然超过了三种，但不显得混乱，反而具有一种时尚感。这说明色彩过渡自然的瓷砖装饰出来的效果是非常好的。

**参考价格：** 墙面彩色瓷砖的市场价格为 140~165 元 / 平方米。

**墙面说明：** 用瓷砖砌筑洗手台是地中海风格常用的设计手法。一般这种造型适合设计在干湿分离的卫生间，洗手台可以起到装饰空间的作用。

**参考价格：** 红砖砌筑洗手台的施工及材料价格为 200~300 元 / 项。

## 地面篇

### 土色仿古砖

地中海风格的地面仿古砖有几个特点：其一，色彩不会过于深暗，更多会选择一些温馨的地砖颜色；其二，善于利用多种仿古砖进行拼花设计，最常用的是选择颜色相近的两种仿古砖相互搭配设计；其三，瓷砖表面色彩均衡、纹理平均，不会在仿古砖的边角处设计多余的做旧纹理。

**地面说明：** 仿古砖的颜色、纹理均非常地平实，没有一点花哨的设计，铺设在地面有良好的整体性。

**参考价格：** 咖色纹理仿古砖的市场价格为 180~260 元 / 平方米。

**地面说明：** 在仿古砖的四角做拼花造型，使得地面得到丰富的设计效果。从整体来看，仿古砖的样式也变得更加圆润了。

**参考价格：** 四角带拼花的咖色仿古砖的市场价格为 230~280 元 / 平方米。

## 马赛克

地中海风格喜欢在地面设计中使用马赛克，不会大面积地铺设在地面，而是以点缀的形式出现，围绕客厅的周边铺设窄边的马赛克收边线，同时将马赛克设计成踢脚线，形成立体的视觉效果。马赛克的颜色通常都是明亮的天蓝色，以呼应地中海风格中的海洋元素。

**地面说明：**利用马赛克来设计垭口的门槛石，衔接并区别开两处不同拼贴工艺的地砖。

**参考价格：**马赛克贴门槛石的施工价格为 50~70 元 / 个。

## 斜铺地面

一般设计斜铺地面的空间通常较大，不然很难将斜铺地砖的美感展现出来。在地中海风格设计中，选择客餐厅一体的空间进行斜铺地砖是不错的选择，并且通过地砖的斜铺处理，一定程度上可以提升空间的张力，似将空间扩大了一般。

**地面说明：**通过斜铺地砖的工艺处理，客厅、餐厅及门厅似被地面融合在了一起，形成更加整体的空间设计效果。

**参考价格：**浅色调仿古砖的市场价格为 220~310 元 / 平方米。

# 14

# 东南亚风格
## 多用带有异域风情的材料

　　东南亚风格是一个将东南亚民族岛屿特色及精致文化品位相结合的设计，就像个调色盘，把奢华和颓废、绚烂和低调等情绪调成一种沉醉色，让人无法自拔。这种风格广泛地运用木材和其他的天然原材料，如藤条、竹子、石材等，局部采用一些金属色壁纸、丝绸质感的布料来进行装饰。在配饰上，那些别具一格的东南亚元素，如佛像、莲花等，都能使居室散发出淡淡的温馨与悠悠禅韵。

# 东南亚风格材料速查

## 顶面材料

### 🔍 按材质划分

| 仿柚木饰面板 | 着色石膏板 | 宽大实木梁柱 | 深棕木地板 | 金箔壁纸 |

### 🔍 按造型设计划分

| 错层造型顶 | 尖拱造型顶 | 暗光灯带造型顶 | 回字形吊顶 | 实木板内凹造型顶 |

## 墙面材料

### 🔍 按材质划分

| 异域风雕花格 | 异域风壁纸 | 仿柚木实木材料 | 暖色乳胶漆 | 地域特色墙绘 |

按造型设计划分

| 井字格造型墙 | 实木雕花隔断 | 柜体造型 | 墙面暗光灯带造型 | 定制实木造型墙 |

## 地面材料

### 按材质划分

| 柚木实木地板 | 原纹大理石 | 长毛地毯 | 长方形板岩砖 | 暖色亚光砖 |

### 按造型设计划分

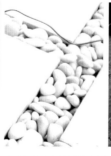
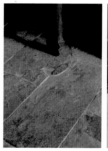

| 马赛克拼花地面 | 大理石收边线 | 鹅卵石造型 | 粗犷地砖造型 | 方块花毯造型 |

## 材料运用要点速查表

| | |
|---|---|
| **1 金属色壁纸** | 金属色壁纸外观富丽豪华，既可用于大面积内墙装饰，也可点缀在普通的墙面之间，能不露痕迹地带出一种炫目和神秘。在东南亚风格的家居中，用金属色壁纸来装饰墙面，可以将异域的神秘气氛渲染得淋漓尽致 |
| **2 木雕家具** | 木雕家具是东南亚家居风格中最为抢眼的部分，其中柚木是制成木雕家具最为合适的上好原料。柚木从生长到成材最少经50年，含有极重的油质，这种油质使之保持不变形，且带有一种特别的香味，能驱蛇、虫、鼠、蚁；更为神奇的是它的刨光面颜色可以通过光合作用氧化而成金黄色，颜色会随时间的延长而更加美丽。柚木做成的木雕家具有一种低调的奢华，典雅古朴，极具异域风情 |
| **3 原木色材料的运用** | 东南亚风格的居室一般会给人带来热情奔放的感觉，这一点主要是通过室内大胆的用色来体现。除了缤纷的色彩，原木色以其拙朴、自然的姿态成为追求天然的东南亚风格的最佳配色方案。用浅色木家具搭配深色木硬装，或反之，用深色木来组合浅色木，都可以令家居呈现出浓郁的自然风情 |
| **4 佛教图案的大量设计** | 东南亚作为一个宗教性极强的地域，大部分国家的人们都信奉着佛教，因此常常把佛像作为一种信仰体现在家居装饰中。无论是佛像雕塑，还是佛像壁画，无不令家中弥漫着浓郁的禅意气息 |
| **5 木雕材料工艺品** | 东南亚木雕品基本可以分为泰国木雕、印度木雕、马来西亚木雕3个品种，其主要的木材和原材料包括柚木、红木、桫椤木和藤条。其中，木雕的大象、雕像和餐具都是很受欢迎的室内装饰品 |

## 顶面篇

### 仿柚木饰面板

　　东南亚地区的房屋大多是实木建筑的，为了在居室中传达出东南亚设计的精髓，会在吊顶中大量的设计木饰面，有时会将木饰面板铺满吊顶，给人以实木构造的房屋感觉。利用木饰面板，可以设计成各种造型吊顶，也可以搭配石膏板、实木梁柱等材质一同构成丰富的顶面设计。

**顶面说明：** 错落组合设计的木饰面板吊顶，具有浓郁的东南亚风格特色，并且不感觉压抑。这主要得益于白色的墙面造型，弱化了空间内的深色调。

**参考价格：** 错落设计的木饰面板吊顶的施工及材料价格为 255~280 元 / 平方米。

### 宽大实木梁柱

　　在东南亚风格的吊顶设计中，也会经常设计实木梁柱在顶面，以增添吊顶的变化性。一般实木梁柱的宽度比较大，将几根同样材料的实木梁柱规律地排列在吊顶中，并在吊顶的四周设计暖光源的暗光灯带。

**顶面说明：** 实木梁柱设计的位置、与石膏板吊顶的比例等，掌握得刚刚好，侧边发散出的暖光灯带同时烘托了温馨的空间氛围。

**参考价格：** 发暖光的暗光灯带的市场价格为 10~20 元 / 米。

## 着色石膏板

东南亚风格的石膏板吊顶通常不会有太多的造型，而是通过搭配实木线条、木饰面板等营造实木吊顶的感觉。利用石膏板设计出整体的吊顶框架，然后在中心的位置设计实木材质，这样设计的好处在于，容易搭配东南亚风格的吊灯，使吊灯与吊顶看起来像是一体的感觉。

**顶面说明：**通过石膏板吊顶设计出的落差感，增添了吊顶的立体感。设计中的射灯很精致，其照射出来的光斑同样装饰了墙面。

**参考价格：**小尺寸射灯的市场价格为 55~80元 / 个。

**顶面说明：**石膏板吊顶没有设计一点造型，而是将床边的窗帘轨道隐藏在其中，营造出简约的设计美感。

**参考价格：**吊顶中间的白色风扇的市场价格为120~180 元 / 个。

**顶面说明：**餐厅的石膏板吊顶之所以比客厅的低，是因为其中设计了中央空调的缘故。

**参考价格：**餐厅上方的吊顶的市场价格为 450~680 元 / 个。

## 暗光灯带造型顶

东南亚风格的暗光灯带造型顶和其他风格的吊顶并没有很大的差别，更多的是表现在吊顶的材料选择上，或者是用暗光灯带吊顶四周的实木线条来体现东南亚风格的实木设计运用。东南亚风格的暗光灯带吊顶都会有较深的纵深，以充分地发挥出灯带的光亮。

**顶面说明：** 吊顶的四周用石膏板裁切成的细线条代替了石膏线的装饰，中间的暗光灯带非常明亮，提升了客厅空间的整体亮度。

**参考价格：** 吊顶中间悬挂的东南亚风格吊顶的市场价格为1500~2200 元 / 个。

## 尖拱造型顶

在东南亚地区，建筑的形式通常是尖拱形状的，并且是由实木搭建的吊顶。因此，在具体的风格设计中，在层高允许的情况下，会设计尖拱型吊顶，并在中间的尖拱部分使用实木材料吊顶或者石膏板吊顶。

**顶面说明：** 在尖拱造型顶中，设计了暖光的暗光灯带，使得材料展现出更精细的纹理，并解决了尖拱内部光源不足的问题。

**参考价格：** 这种类型的尖拱型吊顶的材料及施工价格为230~260 元 / 平方米。

## 墙面篇

### 异域风雕花格

可以说，东南亚风格是最喜欢在墙面中设计雕花格的装饰风格，不论是将雕花格设计在墙面上，还是利用雕花格设计为空间的隔断，都会注重雕花格的色彩与纹理，在其中雕刻带有东南亚风格的文化元素。

**墙面说明：** 横条形的雕花格隔断与折叠推拉门的搭配十分合适，摆放在雕花格角落处的佛像图案更是起到画龙点睛的作用。

**参考价格：** 横条形雕花格的市场定制价格为420~490元/平方米。

**墙面说明：** 红色漆面的雕花格拥有通透的视觉效果，可以通过沙发的位置隐约地看到内部的书房空间。

**参考价格：** 红漆大花纹理的雕花格的市场定制价格为500~650元/平方米。

**墙面说明：** 雕花格造型的床头背景墙内部设计有暗光灯带。夜晚打开暗光灯带的情况下，卧室会获得极丰富的光影变化。

**参考价格：** 八角形图案的雕花格的市场定制价格为460~570元/平方米。

## 异域风壁纸

　　要想在东南亚风格中更好地突出异域风情，最好的选择是在墙面中设计异域风壁纸。这类壁纸的特点是纹理具有明显的东南亚地域文化元素，其色彩艳丽、浓厚，粘贴在墙面中，往往能起到吸引人们视线的目的。

**墙面说明：**金色、红色配搭的壁纸色调，及带有东南亚地域文化的形状图案，都说明此处客厅的设计是成功的。

**参考价格：**东南亚风格壁纸的市场定制价格为 145~230 元 / 卷。

## 井字格造型墙

　　这类墙面造型使用两种不同的设计材料：一种是石膏板设计出井字格，并在其中粘贴带有东南亚风格的壁纸；一种是利用实木线条设计出井字格，这种设计不会占去很多的墙面厚度，并且设计效果也比较精美，适合空间面积不太大的户型。

**墙面说明：**井字格造型墙的中间悬挂有荷叶造型的瓷器，其墨绿的颜色在卧室中很突出，并且具有精美的设计效果。

**参考价格：**实木线条设计的井字格墙面的材料及施工价格为100~135 元 / 平方米。

## 仿柚木实木材料

　　这类墙面造型包括木饰面板墙面、实木板墙面等。其中，木饰面板的墙面相比较实木板的墙面可以节省出更多的预算，但效果相比较实木板则稍差一些。业主在设计这类墙面造型时，可根据自身的经济实力做合理的选择。

**墙面说明：** 木饰面板造型墙面的一大优点是，木纹理可以定制成对称的形式，使得墙面的设计效果更加地统一。

**参考价格：** 对称纹理的木饰面板的市场价格为80~120元/张。

**墙面说明：** 贴面木饰面板的墙面，没有设计一点多余的造型，上面悬挂的几幅挂画则起到了装饰空间的目的。

**参考价格：** 木饰面板平铺的施工及材料价格为200~260元/平方米。

**墙面说明：** 通过采用墙面拓缝工艺，实木板的墙面也具有了线性的设计美感。实木板的材质非常有质感，有一种低调的奢华感。

**参考价格：** 实木板墙面的施工及材料价格为650~880元/平方米。

## 地面篇

### 柚木实木地板

东南亚风格的实木地板更注重纹理的古朴质感。为了达到这一效果，通常会在漆面上下工夫，即不会将表面涂刷得过于明亮，而是故意制造出粗犷的感觉，减少实木地板的光泽度来营造古朴质感。

**地面说明：** 从室内的实木地板到实木家具，都有一种古朴质感，像一处拥有百年历史传承的宅邸。

**参考价格：** 实木地板的市场价格为 430~580 元 / 平方米。

**地面说明：** 室内同时设计有实木地板及实木家具时，实木地板的颜色比家具的颜色略深一些是更好的，可令空间更加地沉稳。

**参考价格：** 红柚木实木地板的市场价格为 380~520 元 / 平方米。

## 暖色亚光砖

东南亚风格的地面不喜欢使用光泽度高的瓷砖，因此更多的是铺设亚光砖，以减少空间内的光污染，使得空间具有静谧的空间氛围。亚光砖的纹理及色调是没有太多限制的，只要不是过浅或与空间的总体色调不相容就可以。

**地面说明：** 浅色调的亚光地砖搭配墙面造型，突出了竹木沙发的主体，形成一处具有现代特色的东南亚风格空间。

**参考价格：** 600×600 浅色亚光砖的市场价格为 150~210 元 / 平方米。

## 板岩地砖

板岩地砖表面的粗糙感及沉稳的色彩很符合东南亚风格的设计要求，因此经常设计到东南亚风格的客厅、餐厅及门厅中。尤其是大面积铺设在客厅中，其效果更佳，可以将板岩地砖的整体感完全地展现出来。

**地面说明：** 板岩地砖适合搭配藤制的沙发座椅，这两者的结合设计，更容易烘托空间内的东南亚风格氛围。

**参考价格：** 单人座藤制沙发的市场价格为 750~1200 元 / 个。

# 15

# 日式风格

## 注重自然质感的简洁材料

日式设计风格直接受日本和式建筑影响，讲究空间的流动与分隔，流动则为一室，分隔则分几个功能空间，空间中总能让人静静地思考，禅意无穷。传统的日式家居将自然界的材质大量运用于居室的装修、装饰中，不推崇豪华奢侈、金碧辉煌，以淡雅节制、深邃禅意为境界，重视实际功能。日式风格特别能与大自然融为一体，借用外在自然景色，为室内带来无限生机，选用材料上也特别注重自然质感，以便与大自然亲切交流，其乐融融。

# 日式风格材料速查

## 顶面材料

### 按材质划分

| 桑拿板 | 生态饰面板 | 素色乳胶漆 | 日式壁纸 | 整面石膏板 |

### 按造型设计划分

| 井字格造型顶 | 无主灯式吊顶 | 竹席造型顶 | 拼接造型顶 | 横条纹造型顶 |

## 墙面材料

### 按材质划分

| 日式移门 | 传统文化墙绘 | 素色暗纹壁纸 | 暖色乳胶漆 | 原色实木材料 |

**按造型设计划分**

| 传统绘画造型 | 柜体造型 | 布艺实木隔断 | 井字格造型墙 | 日式挂画造型 |

## 地面材料

**按材质划分**

| 榻榻米 | 亚光漆实木地板 | 细纹地毯 | 米色复合地板 | 简洁仿古砖 |

**按造型设计划分**

| 地台造型 | 升降方桌 | 木结地板造型 | 蓝漆防腐木造型 | 拼接组合榻榻米造型 |

## 材料运用要点速查表

| | |
|---|---|
| **1 便于清洁的草席垫** | 传统的日式装修不同于欧式风格的豪华奢侈、金碧辉煌，而是注重一种境界，追求淡雅节制、深邃禅意的感觉，因此，日式装修好像田园风格一样，注重与大自然相融合，所用的装修建材也多为自然界的原材料，其中草席就是经常用到的材质 |
| **2 榻榻米** | 日式家居装修中，榻榻米是一定要出现的元素。一张日式榻榻米看似简单，但实则包含的功用很多，它有着一般凉席的功能，又有美观舒适的功能，其下的收藏储物功能也是一大特色。一般家庭的日式榻榻米相当于是一件万能家具，想睡觉时可以当作是床，接待客人时又可以是个客厅 |
| **3 传统日式茶桌** | 传统的日式茶桌以其清新自然、简洁淡雅的独特品位，形成了独特的家居风格，为生活在都市的人群营造出闲适写意、悠然自得的生活境界。此外，传统日式茶桌的腿脚比较短，桌上一般都有精美的瓷器 |
| **4 障子门窗** | 樟子门窗是构成日式家居的重要部分。樟子纸格子门木框采用的是无节疤樟子松，经过烘干而制成，生产出来的成品不易变形、裂开，且外表光滑细腻。而木制格子中间以半透明的樟子纸取代玻璃，所以薄而轻。樟子纸也可用于窗户，特点是韧性十足，不易撕破，且具有防水、防潮功能，同时，图案也很精美，透出一种朦胧美 |
| **5 福斯玛门** | 福斯玛门又叫彩绘门，基材为纸和布。此外，福斯玛在日本也称浮世绘，是一种用来制作推拉门的辅料。福斯玛门彩绘纸规格一般为长2030~2060毫米，宽910~960毫米。它一面是纸，一面是真丝棉布，在布面上有手工绘制的图案 |

## 顶面篇

### 桑拿板

　　日式风格最显著的一个特征就是在顶面中设计实木材料，桑拿板是其中一种，其优点是耐高温，因为桑拿板经过了高温脱脂工艺处理。通常设计在吊顶中的桑拿板会涂刷清漆，这是因为桑拿板的耐脏性较差，涂刷清漆后可保证良好的耐污性。

**顶面说明：** 设计在吊顶中的桑拿板都会选择浅色调，并成长条形的方式铺设，以形成规律的吊顶设计造型。

**参考价格：** 刷清漆的桑拿板的市场价格为65~80 元 / 平方米。

### 生态饰面板

　　生态饰面板是对木饰面板材料的一次升级，其具有一定的厚度，并且有抗变形、不翘边的优点，经常拿来设计日式风格的吊顶。因为生态饰面板的纹理选择很多，吊顶也就拥有了多种的设计可能，完全可根据空间的整体色调进行适合的生态饰面板选择。

**顶面说明：** 生态饰面板的特点是纹理清晰、表面细腻光滑，并且不需要再进行油漆处理。

**参考价格：** 生态木饰面板的市场价格为160~180 元 / 张。

## 素色乳胶漆

日式风格顶中设计乳胶漆的情况是，墙面的造型并没有设计很多的实木材料，或者房屋是混凝土结构的，只需要在吊顶上涂刷乳胶漆就可以了。一般涂刷乳胶漆的吊顶不会设计什么造型，而是以简洁性来突出日式风格的禅意空间氛围。

**顶面说明：** 顶面是在衣柜的上侧设计了石膏板吊顶，并全部涂刷白色乳胶漆，与墙面的米黄色形成对比，突出空间的温馨氛围。

**参考价格：** 立体方形日式吸顶灯的市场价格为800~1200元/个。

**顶面说明：** 白色乳胶漆的吊顶上没有设计任何造型，只是在中间安装一款日式吸顶灯，但效果却很不错。其原因在于方形吸顶灯与客厅有着恰当的比例。

**参考价格：** 日式吸顶灯的市场价格为350~580元/个。

**顶面说明：** 顶面、墙面均涂刷了白色乳胶漆，其目的是突出地面中的实木材料，起到衬托实木材料质感的目的。

**参考价格：** 嵌入吊顶内的方形灯的市场价格为150~220元/个。

## 墙面篇

### 传统文化墙绘

在日式风格的墙面或者木制移门上，经常绘有传统文化的绘画，有些是梅兰竹菊等图案，有些则是麒麟、龙等带有文化象征的图案。一般在墙面设计有墙绘后，不会再设计其他的造型，而是在墙面的空旷处悬挂日式风格的挂画。

**墙面说明：** 在房间内的移门上，会有水墨的山林图案，意境逼真，并在其中留有艺术的毛笔字，彰显空间的文化内涵。

**参考价格：** 水墨山林墙绘的市场价格为 450~600 元 / 平方米。

**墙面说明：** 在餐厅空间的墙面上，适合绘有梅花图案的墙绘，其丰富的色彩变化可以起到装饰空间的目的。

**参考价格：** 梅花等墙绘图案的市场价格为 370~530 元 / 平方米。

**墙面说明：** 绘有传统麒麟图案的墙面，更能体现古代日本的墙面装饰文化。

**参考价格：** 麒麟墙绘图案的市场价格为 860~1000 元 / 平方米。

## 日式移门

传统的日式风格设计中，墙面基本都是移门所组成的，每一侧空间均可成为出入口，但这样设计的前提是房屋为全木质结构的。在混凝土的建筑内，则是在入口处设计日式移门，其他墙面则是采用同样移门的样式做装饰，制造一种可随处开合、进出的空间设计效果。

**墙面说明：**日式移门的特点即在门扇上设计横竖交错的实木线条，以营造日式的设计感。

**参考价格：**上轨道固定的实木移门的市场价格为 800~1000 元 / 平方米。

## 柜体造型

日式风格柜体的设计重点表现在门扇的选择上。对于开合式的门扇，会在把手及门扇的材质上下工夫，在上面设计绘画等图案；而滑动式的门扇则会与房间内其他的移门保持一样的设计，保证整体墙面设计的完整性。

**墙面说明：**开合式门扇的实木表面虽然没有太多的纹理，但在拉手的选择上则费尽了心思，上面悬挂的红色小灯笼更是起到装饰空间的效果。

**参考价格：**日式金属拉手的市场价格为 30~50 元 / 个。

## 榻榻米

榻榻米是日式风格地面所特有的材料，它具有床、地毯、凳椅或沙发等多种功能，实用性非常高。一般设计榻榻米的地面，都会在地面先搭建出一个地台，然后在地台的上面铺设榻榻米，从瓷砖地面经过一级或两级台阶上到榻榻米平台。

**地面说明：** 设计有榻榻米的房间高出地面约 400 毫米，这是榻榻米地台的标准高度。人们进到榻榻米的空间既不会感觉太高，也不会感觉过低。

**参考价格：** 榻榻米地台的施工及材料价格为 380~470 元 / 平方米。

**地面说明：** 传统的日本房屋内会全部铺设榻榻米，而不会选择地板、彩砖及大理石等现代化的材料。

**参考价格：** 榻榻米的市场价格为 260~440 元 / 平方米。

## 升降方桌

因为榻榻米具有不同于其他地面材料的特殊性，常会在上面铺设矮桌，发展到近代，则将榻榻米上面的矮桌设计成升降式的，需要时可从地台内部升起，不需要时则下降到与榻榻米一样的高度。升降方桌还有一个好处是可以在其内部储存物品，以发挥榻榻米地面的最大功效。

**地面说明：**升降方桌的内部可以放腿，人们围绕方桌喝茶聊天也不会感觉到乏累。

**参考价格：**手动控制的升降方桌的施工及材料价格为 1500~2000 元 / 个。

## 亚光漆实木地板

在日式风格的地面设计中，如果不选择榻榻米的话，那么最好的选择是实木地板，其虽然不能像榻榻米一样在上面坐卧，但实木材质及舒适的触感一样为空间营造了静谧的日式风格氛围。需要注意的是，实木纹理的选择应偏重古朴质感与温馨色调，而不要选择太浅的色调，因为那样会显得有些漂浮。

**地面说明：**铺有实木地板的卧室上，铺设了大面积的榻榻米。这就是日式风格卧室的常见设计方式。

**参考价格：**胡桃木材质的实木地板的市场价格为 380~ 550 元 / 平方米。

# 16

# 韩式风格

## 既简洁又搭配有碎花的材料

　　韩式风格家居并没有一个具体、明确的说法，更没有一个固定、准确的概念。现在所说的韩式风格家居实际上更接近"日式"和"田园"的风格。韩式家居装修风格往往给人以唯美、温馨、简约、优雅的印象，同时散发着一种干净温馨的家居氛围。韩式风格家居讲究空间的层次感，依据住宅使用人数和私密程度不同，使用屏风或木隔断作为分隔。空间装饰多采用简洁、硬朗的直线条，以迎合韩式家居追求内敛、质朴的设计风格。

# 韩式风格材料速查

## 顶面材料

### 🔍 按材质划分

| 窄边石膏线 | 白乳胶漆 | 嵌筒灯石膏板 | 花边布艺 | 混漆实木材料 |

### 🔍 按造型设计划分

| 暗光灯带造型 | 布艺装饰吊顶 | 梁柱造型顶 | 倾斜式吊顶造型 | 叠级吊顶 |

## 墙面材料

### 🔍 按材质划分

| 碎花壁纸 | 彩色乳胶漆 | 白漆板材 | 布艺窗帘 | 细木工板 |

## 按造型设计划分

实木墙裙造型

墙面石膏板造型

壁纸墙裙造型

床头帷幔造型

柜体造型

## 地面材料

### 按材质划分

纯色地毯

无缝实木复合地板

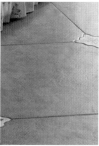

凹凸仿古砖

浅色高光抛光砖

大纹理大理石

### 按造型设计划分

斜铺地面

方形绒毛地毯造型

原木色地板造型

两色地砖拼贴造型

白漆木地板造型

## 材料运用要点速查表

| | |
|---|---|
| **1 碎花材料搭配白色家具** | 色彩统一的象牙白韩式家具一般造型都比较简约大方，线条流畅自然，单凭视觉就能感受到清新的效果和良好的质感；而不大不小的精美小碎花则是韩式田园风格的一大鲜明特征，与白色家具相搭配，既雅致，又能营造出一个属于自己的"花花世界" |
| **2 韩式风格工艺品** | 韩国是一个非常具有民族特性的国度，因此能代表本土特色的工艺品很多，比如韩国木雕、韩国面具、韩国太极扇、民间绘画饰品等，这些元素如果合理地运用于家庭装饰中，可以在细节处将韩式风格体现得淋漓尽致 |
| **3 蕾丝布艺装饰** | 韩式风格的家居往往非常甜美可爱，貌似天生就是为女性准备的；而蕾丝的特点是设计秀美，工艺独特，经过精细的加工，图案花纹有轻微的浮凸效果，这种若隐若现的特质可以把女性的娇媚修饰得恰到好处，因此在韩式家居中得到广泛的运用 |
| **4 韩式榻榻米** | 韩式榻榻米床不仅可以用于睡觉，还可以摆放至客厅一角，或者放置在阳台上；此外，韩式榻榻米一般还具有储物收纳功能，可以将家中的零碎物品放在里面，令居室看起来更加井井有条 |
| **5 低姿家具** | 席地而坐，贴近自然，韩国的家具因为人的这种生活态度而呈现"低姿"的特色，很难发现夸张的家具。同时，低姿家具也会令家居空间利用更加紧凑 |

## 顶面篇

### 布艺装饰吊顶

韩式风格为了体现出风格的特色，会在吊顶中设计带有布艺的造型。一般这种设计形式会运用到卧室中，搭配空间内的窗帘、床品等布艺，一同营造出温馨、舒适的设计感。设计布艺装饰吊顶时，应注意布艺不要固定在顶面上，而要展现布艺自然的下垂感。

**顶面说明：** 通过几根横杆架空起来的布艺吊顶，可以展现出布艺的自然下垂感，拥有极舒适的视觉审美效果。

**参考价格：** 布艺装饰吊顶的施工及材料价格为500~800元/项。

### 暗光灯带造型

暗光灯带吊顶的主要作用是为空间提供辅助光源，提升韩式风格空间内的光影变化，同时通过暗光灯带的吊顶造型，丰满顶面的装饰效果。设计具体的暗光灯带吊顶可根据空间大小而定，若空间狭长，适合设计单边的暗光灯带造型，若空间方正，则设计回字形暗光灯带吊顶更合适。

**顶面说明：** 电视背景墙一侧设计暗光灯带吊顶，可增添墙面的立体感，使电视背景墙看起来不是个平面，而是和吊顶形成一个整体。

**参考价格：** 设计在一侧的暗光灯带吊顶的施工及材料价格为350~460元/项。

**顶面说明：** 叠级吊顶的设计通过暗光灯带的照射，更凸显了立体感，无形中拓展了卧室内的视觉高度。

**参考价格：** 带有暗光灯带的叠级吊顶的施工及材料价格为165~175元/平方米。

## 梁柱造型顶

韩式风格的梁柱造型顶不一定需要实木来设计，也可以是石膏板搭建出的造型，然后涂刷白色乳胶漆。这样设计的目的有两个：一是为了体现顶面设计的立体感；二是为了隐藏吊顶中的建筑梁柱。

**顶面说明：**为了隐藏好餐厅正上方的建筑梁柱，设计了石膏板梁柱造型顶，使得建筑梁柱像是后设计出来的造型一样。

**参考价格：**石膏板设计的梁柱造型顶的施工及材料价格为175~190元/平方米。

## 白乳胶漆

韩式风格一般采用白色及暖色调，在吊顶设计中，无论是石膏板设计，还是实木材料设计，最后都会选择在上面涂刷白色乳胶漆，以保证顶面的明亮。另一方面，顶面的白色乳胶漆可以与墙面的碎花壁纸、彩色乳胶漆等形成对比，以突出空间的设计变化。

**顶面说明：**吊顶是白色，墙面是淡粉色，整体色调从下向上是由深到浅的过渡。这也是为什么空间看来温馨却不失沉稳的原因。

**参考价格：**吊顶中大号筒灯的市场价格为85~120元/个。

## 墙面篇

### 碎花壁纸

韩式风格的碎花壁纸不同于田园风格碎花壁纸之处在于，韩式风格更强调壁纸的温馨感，而不是自然感。因此，在选择碎花壁纸时，应注重挑选壁纸的色调，偏近于暖色系是比较合适的，若壁纸的颜色过深则不合适。

**墙面说明：**淡米色调的碎花壁纸更易体现温馨的感觉，粘贴在卧室的墙面中也容易搭配窗帘、床品等布艺织物。

**参考价格：**淡米色调碎花壁纸的市场价格为 60~140 元 / 卷。

**墙面说明：**贴近浅白色的碎花壁纸可是空间显得更加明亮，同时又不缺少墙面的装饰效果。

**参考价格：**浅白色碎花壁纸的市场价格为 55~130 元 / 卷。

## 墙裙造型

韩式风格的墙裙造型有两种设计方式：一种是利用实木板材设计墙裙，一般实木板材会涂刷成白色混油，以起到抗污、耐脏的效果；一种是粘贴墙裙造型的壁纸，这类壁纸通常会搭配格子壁纸一同出现，以提升墙面设计的变化性。

**墙面说明：**墙裙壁纸都会设计有腰线，以区别开上侧壁纸与下侧壁纸，通过纹理变化与对比，形成墙面的设计美感。

**参考价格：**墙裙壁纸的市场价格为 120~170 元 / 卷。

**墙面说明：**实木板材的墙裙造型越高，其起到的保护作用也就越好。一般选择白色混油墙裙的情况下，其余墙面最好设计有彩色乳胶漆或同类色调的碎花壁纸。

**参考价格：**高度 1400 毫米的白色混油墙裙的市场定制价格为 500~800 元 / 平方米。

## 地面篇

### 纯色地毯

在韩式风格的卧室、书房等地面设计中，多数情况下会选择满屋铺设地毯。这样设计的原因很简单，为了提供舒适的踩踏感，走在上面会非常舒适，不会有冰脚的感觉。并且卧室内的地毯容易搭配窗帘、床品，营造出温馨、舒适的空间氛围。

**地面说明：** 选择卧室满铺地毯的情况下需要注意，地毯的绒毛最好不要过长，否则会影响后期的清理，如落在地毯上的头发和细小的灰尘是很难清理干净的。

**参考价格：** 满屋铺设地毯的施工价格为500~950元/项。

### 斜铺地面

为了提升地面瓷砖的设计感，韩式风格地面设计会选择斜铺地砖的工艺，有时也会在瓷砖间穿插雕花瓷砖等。但并不是多数的空间都适合斜铺地面的设计，如空间较大，还是建议采取正规的铺设工艺；如空间狭长，则适合斜铺工艺，这样可以缓解空间的狭长感。

**地面说明：** 在斜铺地面中穿插雕花瓷砖会非常地漂亮。在墙面装饰少的情况下，地面可以起到装饰空间的目的。

**参考价格：** 小尺寸瓷砖斜铺的施工价格为65~70元/平方米。

## 无缝实木复合地板

　　韩式风格常有铁艺家具及实木家具，因此在木地板的选择上，实木复合材质是比实木地板更适合的。相比较实木地板，实木复合地板更耐划，而且可选择的纹理样式也更多。搭配韩式风格，也可以选择布艺纹理造型的实木复合地板。

**地面说明：** 涂刷白色木器漆的实木复合地板，有一种设计上的艺术感，搭配铁艺家具，更容易展现出空间的时尚感。

**参考价格：** 白漆实木复合地板的市场价格为 300~430 元 / 平方米。

## 方形绒毛地毯造型

　　在韩式风格的地面中铺设绒毛块毯时，一般会选择不带有花纹纹理的、颜色较深的块毯。这主要是因为韩式风格的地面材质普遍没有较深的颜色，在地面铺设深色的绒毛块毯，则能提升地面设计的纵深感。另一方面，深色调的绒毛块毯清洁起来也比较容易。

**地面说明：** 深棕色的绒毛块毯呼应了床头背景墙的设计，为大面积白色设计下的卧室，增添了几分沉稳感。

**参考价格：** 深棕色绒毛地毯的市场价格为 300~500 元 / 块。